U0199943

《中国古脊椎动物志》编辑委员会主编

中国古脊椎动物志

第三卷
基干下孔类　哺乳类

主编 **邱占祥** ｜ 副主编 **李传夔**

第一册（总第十四册）
基干下孔类

李锦玲　刘　俊 编著

科学技术部基础性工作专项（2006FY120400）资助

科 学 出 版 社
北 京

内 容 简 介

本册志书是对我国除哺乳类之外的兽孔类化石形态学、分类学、系统发育学和生物地层学的系统总结。内容包括恐头兽亚目、异齿兽亚目、兽头亚目和犬齿兽亚目4亚目12科30属47种及6个未定属种的已发表的化石相关资料（截止至2011年年底）。每个属、种下均有鉴别特征、产地与层位等详尽介绍。在科级以上的阶元中并有概述，对该阶元当前的研究现状、存在问题等做了综述。在阶元的记述之后有评注，为编者在编写过程中对发现的问题或编者对该阶元新认识的阐述。全书附有65张化石照片及插图。

本书是我国凡涉及地学、生物学、考古学的大专院校、科研机构、博物馆及业余古生物爱好者的基础参考书，也可为科普创作提供必要的基础参考资料。

图书在版编目（CIP）数据

中国古脊椎动物志. 第3卷. 基干下孔类、哺乳类. 第1册，基干下孔类：总第14册 / 李锦玲，刘俊编著. —北京：科学出版社，2015.1
ISBN 978-7-03-042412-9

I. ①中… Ⅱ. ①李… ②刘… Ⅲ. ①古动物－脊椎动物门－动物志－中国②古动物－下孔总目－动物志－中国 Ⅳ. ①Q915.86

中国版本图书馆CIP数据核字（2014）第259039号

责任编辑：胡晓春 / 责任校对：张怡君
责任印制：肖 兴 / 封面设计：黄华斌

科 学 出 版 社 出版
北京东黄城根北街16号
邮政编码：100717
http://www.sciencep.com

中国科学院印刷厂 印刷
科学出版社发行 各地新华书店经销

*

2015年1月第 一 版 开本：787×1092 1/16
2015年1月第一次印刷 印张：8 1/4
字数：171 000

定价：98.00元
（如有印装质量问题，我社负责调换）

Editorial Committee of Palaeovertebrata Sinica

PALAEOVERTEBRATA SINICA

Volume III

Basal Synapsids and Mammals

Editor-in-Chief: **Qiu Zhanxiang** | Associate Editor-in-Chief: **Li Chuankui**

Fascicle 1 (Serial no. 14)

Basal Synapsids

By **Li Jinling** and **Liu Jun**

Supported by the Special Research Program of Basic Science and Technology
of the Ministry of Science and Technology (2006FY120400)

Science Press
Beijing

本册撰写人员分工

恐头兽亚目	刘　俊　E-mail: liujun@ivpp.ac.cn
异齿兽亚目	李锦玲　E-mail: li.jinling@ivpp.ac.cn
兽头亚目	刘　俊
犬齿兽亚目	刘　俊

（以上编写人员所在单位均为中国科学院古脊椎动物与古人类研究所，
中国科学院脊椎动物演化与人类起源重点实验室）

Contributors to this Fascicle

Suborder Dinocephalia	**Liu Jun**　E-mail: liujun@ivpp.ac.cn
Suborder Anomodontia	**Li Jinling**　E-mail: li.jinling@ivpp.ac.cn
Suborder Therocephalia	**Liu Jun**
Suborder Cynodontia	**Liu Jun**

(All the contributors are from the Institute of Vertebrate Paleontology and Paleoanthropology,
Chinese Academy of Sciences, Key Laboratory of Vertebrate Evolution
and Human Origins of Chinese Academy of Sciences)

总　序

　　中国第一本有关脊椎动物化石的手册性读物是 1954 年杨钟健、刘宪亭、周明镇和贾兰坡编写的《中国标准化石——脊椎动物》。因范围限定为标准化石，该书仅收录了 88 种化石，其中哺乳动物仅 37 种，不及德日进（P. Teilhard de Chardin）1942 年在《中国化石哺乳类》中所列举的在中国发现并已发表的哺乳类化石种数（约 550 种）的十分之一。所以这本只有 57 页的小册子还不能算作一本真正的脊椎动物化石手册。我国第一本真正的这样的手册是 1960 – 1961 年在杨钟健和周明镇领导下，由中国科学院古脊椎动物与古人类研究所的同仁们集体编撰出版的《中国脊椎动物化石手册》。该手册共记述脊椎动物化石 386 属 650 种，分为《哺乳动物部分》（1960 年出版）和《鱼类、两栖类和爬行类部分》（1961 年出版）两个分册。前者记述了 276 属 515 种化石，后者记述了 110 属 135 种。这是对自 1870 年英国博物学家欧文（R. Owen）首次科学研究产自中国的哺乳动物化石以来，到 1960 年前研究发表过的全部脊椎动物化石材料的总结。其中鱼类、两栖类和爬行类化石主要由中国学者研究发表，而哺乳动物则很大一部分由国外学者研究发表。“文化大革命”之后不久，1979 年由董枝明、齐陶和尤玉柱编汇的《中国脊椎动物化石手册》（增订版）出版，共收录化石 619 属 1268 种。这意味着在不到 20 年的时间里新发现的化石属、种数量差不多翻了一番（属为 1.6 倍，种为 1.95 倍）。

　　自 20 世纪 80 年代末开始，国家对科技事业的投入逐渐加大，我国的古脊椎动物学逐渐步入了快速发展的时期。新的脊椎动物化石及新属、种的数量，特别是在鱼类、两栖类和爬行动物方面，快速增加。1992 年孙艾玲等出版了《The Chinese Fossil Reptiles and Their Kins》，记述了两栖类、爬行类和鸟类化石 228 属 328 种。李锦玲、吴肖春和张福成于 2008 年又出版了该书的修订版（书名中的 Kins 已更正为 Kin），将属种数提高到 416 属 564 种。这比 1979 年手册中这一部分化石的数量（186 属 219 种）增加了大约 1 倍半（属近 2.24 倍，种近 2.58 倍）。在哺乳动物方面，20 世纪 90 年代初，中国科学院古脊椎动物与古人类研究所一些从事小哺乳动物化石研究的同仁们，曾经酝酿编写一部《中国小哺乳动物化石志》，并已草拟了提纲和具体分工，但由于种种原因，这一计划未能实现。

　　自 20 世纪 90 年代末以来，我国在古生代鱼类化石和中生代两栖类、翼龙、恐龙、鸟类，以及中、新生代哺乳类化石的发现和研究方面又有了新的重大突破，在恐龙蛋和爬行动物及鸟类足迹方面也有大量新发现。粗略估算，我国现有古脊椎动物化石种的总数已经超过 3000 个。我国是古脊椎动物化石赋存大国，有关收藏逐年增加，在研究方面正在努力进入世界强国行列的过程之中。此前所出版的各类手册性的著作已落后于我国古脊椎动物研究发展的现状，无法满足国内外有关学者了解我国这一学科领域进展的迫切需求。美国古生物学家 S. G. Lucas，积 5 次访问中国的经历，历时近 20 年，于 2001 年出版了一部 370 多页的《Chinese Fossil Vertebrates》。这部书虽然并非以罗列和记述属、种为主旨，而且其资料的收集限于 1996 年以前，却仍然是国外学者了解中国古脊椎动物学发展脉络的重要读物。这可以说是从国际古脊椎动物研究的角度对上述需求的一种反映。

2006 年，科技部基础研究司启动了国家科技基础性工作专项计划，重点对科学考察、科技文献典籍编研等方面的工作加大支持力度。是年 10 月科技部召开研讨中国各门类化石系统总结与志书编研的座谈会。这才使我国学者由自己撰写一部全新的、涵盖全面的古脊椎动物志书的愿望，有了得以实现的机遇。中国科学院南京地质古生物研究所和古脊椎动物与古人类研究所的领导十分珍视这次机遇，于 2006 年年底前，向科技部提交了由两所共同起草的"中国各门类化石系统总结与志书编研"的立项申请。2007 年 4 月 27 日，该项目正式获科技部批准。《中国古脊椎动物志》即是该项目的一个组成部分。

在本志筹备和编研的过程中，国内外前辈和同行们的工作一直是我们学习和借鉴的榜样。在我国，"三志"（《中国动物志》、《中国植物志》和《中国孢子植物志》）的编研，已经历时半个多世纪之久。其中《中国植物志》自 1959 年开始出版，至 2004 年已全部出齐。这部煌煌巨著分为 80 卷，126 册，记载了我国 301 科 3408 属 31142 种植物，共 5000 多万字。《中国动物志》自 1962 年启动后，已编撰出版了 126 卷、册，至今仍在继续出版。《中国孢子植物志》自 1987 年开始，至今已出版 80 多卷（不完全统计），现仍在继续出版。在国外，可以作为借鉴的古生物方面的志书类著作，有原苏联出版的《古生物志》（《Основы Палеонтологии》）。全书共 15 册，出版于 1959－1964 年，其中古脊椎动物为 3 册。法国的《Traité de Paléontologie》（实际是古动物志），全书共 7 卷 10 册，其中古脊椎动物（包括人类）为 4 卷 7 册，出版于 1952－1969 年，历时 18 年。此外，C. M. Janis 等编撰的《Evolution of Tertiary Mammals of North America》（两卷本）也是一部对北美新生代哺乳动物化石属级以上分类单元的系统总结。该书从 1978 年开始构思，直到 2008 年才编撰完成，历时 30 年。

参考我国"三志"和国外志书类著作编研的经验，我们在筹备初期即成立了志书编辑委员会，并同步进行了志书编研的总体构思。2007 年 10 月 10 日由 17 人组成的《中国古脊椎动物志》编辑委员会正式成立（2008 年胡耀明委员去世，2011 年 2 月 28 日增补邓涛、尤海鲁和张兆群为委员，2012 年 11 月 15 日又增加金帆和倪喜军两位委员，现共 21 人）。2007 年 11 月 30 日《中国古脊椎动物志》"编辑委员会组成与章程"、"管理条例"和"编写规则"三个试行草案正式发布，其中"编写规则"在志书撰写的过程中不断修改，直至 2010 年 1 月才有了一个比较正式的试行版本，2013 年 1 月又有了一个更为完善的修订本，至今仍在不断修改和完善中。

考虑到我国古脊椎动物学发展的现状，在汲取前人经验的基础上，编委会决定：①延续《中国脊椎动物化石手册》的传统，《中国古脊椎动物志》的记述内容也细化到种一级。这与国外类似的志书类都不同，后者通常都停留在属一级水平。②采取顶层设计，由编委会统一制定志书总体结构，将全志大体按照脊椎动物演化的顺序划分卷、册；直接聘请能够胜任志书要求的合适研究人员负责编撰工作，而没有采取自由申报、逐项核批的操作程序。③确保项目经费足额并及时到位，力争志书编研按预定计划有序进行，做到定期分批出版，努力把全志出版周期限定在 10 年左右。

编委会将《中国古脊椎动物志》的编写宗旨确定为："本志应是一套能够代表我国古脊椎动物学当前研究水平的中文基础性丛书。本志力求全面收集中国已发表的古脊椎动物化石资料，以骨骼形态性状为主要依据，吸收分子生物学研究的新成果，尝试运用分支系统学的理论和方法认识和阐述古脊椎动物演化历史、改造林奈分类体系，使之与演化历史更为吻合；着重对属、种进行较全面、准确的文字介绍，并尽可能附以清晰的模式标本图照，但不创建新的分类单元。本志主要读者对象是中国地学、生物学工作者及爱好者，高校师生，自然博物馆类机构的工作人员和科普工作者。"

编委会在将"代表我国古脊椎动物学当前研究水平"列入撰写本志的宗旨时，已经意识到实现这一目标的艰巨性。这一点也是所有参撰人员在此后的实践过程中越来越深刻地感受到的。正如在本志第一卷第一册"脊椎动物总论"中所论述的，自 20 世纪 50 年代以来，在古生物学和直接影响古生物学发展的相关领域中发生了可谓"翻天覆地"的变化。在 20 世纪七八十年代已形成了以 Mayr 和 Simpson 为代表的演化分类学派（evolutionary taxonomy）、以 Hennig 为代表的系统发育系统学派 [phylogenetic systematics，又称分支系统学派（cladistic systematics，或简化为 cladistics）] 及以 Sokal 和 Sneath 为代表的数值分类学派（numerical taxonomy）的"三国鼎立"的局面。自 20 世纪 90 年代以来，分支系统学派逐渐占据了明显的优势地位。进入 21 世纪以来，围绕着生物分类的原理、原则、程序及方法等的争论又日趋激烈，形成了新的"三国"。以演化分类学家 Mayr 和 Bock 为代表的"达尔文分类学派"（Darwinian classification），坚持依据相似性（similarity）和系谱（genealogy）两项准则作为分类基础，并保留林奈套叠等级体系，认为这正是达尔文早就提出的生物分类思想。在分支系统学派内部分成两派：以 de Quieroz 和 Gauthier 为代表的持更激进观点的分支系统学家组成了"系统发育分类命名法规学派"（简称 PhyloCode）。他们以单一的系谱（genealogy）作为生物分类的依据，并坚持废除林奈等级体系的观点。以 M. J. Benton 等为代表的持比较保守观点的分支系统学家则主张，在坚持分支系统学核心理论的基础上，采取某些折中措施以改进并保留林奈式分类和命名体系。目前争论仍在进行中。到目前为止还没有任何一个具体的脊椎动物的划分方案得到大多数生物和古生物学家的认可。我国的古生物学家大多还处在对这些新的论点、原理和方法以及争论论点实质的不断认识和消化的过程之中。这种现状首先影响到志书的总体架构：如何划分卷、册？各卷、册使用何种标题名称？系统记述部分中各高阶元及其名称如何取舍？基于林奈分类的《国际动物命名法规》是否要严格执行？…… 这些问题的存在甚至对编撰本志书的科学性和必要性都形成了质疑和挑战。

在《中国古脊椎动物志》立项和实施之初，我们确曾希望能够建立一个为本志书各卷、册所共同采用的脊椎动物分类方案。通过多次尝试，我们逐渐发现，由于脊椎动物内各大类群的研究历史和分类研究传统不尽相同，对当前不同分类体系及其使用的方法，在接受程度上差别较大，并很难在短期内弥合。因此，在目前要建立一个比较合理、能被广泛接受、涵盖整个脊椎动物的分类方案，便极为困难。虽然如此，通过多次反复研讨，参撰人员就如何看待分类和究竟应该采取何种分类方案等还是逐渐取得了如下一些共识：

1）分支系统学在重建生物演化过程中，以其对分支在演化过程中的重要作用的深刻认识和严谨的逻辑推导方法，而成为当前获得古生物学家广泛支持的一种学说。任何生物分类都应力求真实地反映生物演化的过程，在当前则应力求与分支系统学的中心法则（central tenet）以及与严格按照其原则和方法所获得的结论相符。

2）生物演化的历史（系统发育）和如何以分类来表达这一历史，属于两个不同范畴。分类除了要真实地反映演化历史外，还肩负协助人类认知和记忆的功能。两者不必、也不可能完全对等。在当前和未来很长一段时期内，以二维和文字形式表达演化过程的最好方式，仍应该是现行的基于林奈分类和命名法的套叠等级体系。从实用的观点看，把十几代科学工作者历经 250 余年按照演化理论不断改进的、由近 200 万个物种组成的庞大的阶元分类体系彻底抛弃而另建一新体系，是不可想象的，也是极难实现的。

3）分类倘若与分支系统学核心概念相悖，例如不以共祖后裔而单纯以形态特征为分类依据，由复系类群组成分类单元等，这样的分类应予改正。对于分支系统学中一些重要但并非核心的论点，诸如姐妹群需是同级阶元的要求，干群（"Stammgruppe"）的分类价值和地位的判别，以及不同大类群的阶元级别的划分和确立等，正像分支系统学派内部有些学者提出的，可以采取折中措施使分支系统学的基本理论与以林奈分类和命名法为基础建立的现行分类体系在最大程度上相互吻合。

4）对于因分支点增多而所需阶元数目剧增的矛盾，可采取以下折中措施解决。①对高度不对称的姐妹群不必赋予同级阶元。②对于重要的、在生物学领域中广为人知并广泛应用、而目前尚无更好解决办法的一些大的类群，可实行阶元转移和跃升，如鸟类产生于蜥臀目下的一个分支，可以跃升为纲级分类单元（详见第一卷第一册的"脊椎动物总论"）。③适量增加新的阶元级别，例如 1997 年 McKenna 和 Bell 已经提出推荐使用新的主阶元，如 Legion（阵）、Cohort（部）等，和新的次级阶元，如 Magno-（巨）、Grand-（大）、Miro-（中）和 Parvo-（小）等。④减少以分支点设阶的数量，如仅对关键节点设立阶元、次要节点以顺序先后（sequencing）表示等。⑤应用全群（total group）的概念，不对其中的并系的干群（stem group 或 "Stammgruppe"）设立单独的阶元等。

5）保留脊椎动物现行亚门一级分类地位不变，以避免造成对整个生物分类体系的冲击。科级及以下分类单元的分类地位基本上都已稳定，应尽可能予以保留，并严格按照最新的《国际动物命名法规》（1999 年第四版）的建议和要求处置。

根据上述共识，我们在第一卷第一册的"脊椎动物总论"中，提出了一个主要依据中国所有化石所建立的脊椎动物亚门的分类方案（PVS-2013）。我们并不奢求每位参与本志书撰写的人员一定接受它，而只是推荐一个可供选择的方案。

对生物分类学产生重要影响的另一因素则是分子生物学。依据分支系统学原理和方法，借助计算机高速数学运算，通过分析分子生物学资料（DNA、RNA、蛋白质等的序列数据）来探讨生物种和类群的系统发育关系及支系分异的顺序和时间，是当前分子生物学领域的热点之一。一些分子生物学家对某些高阶分类单元（例如目级）的单系性和这些分类单元之间的系统关系进行探索，提出了一些令形态分类学家和古生物学家耳目一新的新见解。例如，现生哺乳动物 18 个目之间的系统和分类关系，一直是古生物学家感到十分棘手的问题，因为能够找到的目之间的共有裔征（synapomorphy）很少，而经常只有共有祖征（symplesiomorphy）。相反，分子生物学家们则可以在分子水平上找到新的证据，将它们进行重新分解和组合。例如，他们在一些属于不同目的"非洲类型"的哺乳动物（管齿目、长鼻目、蹄兔目和海牛目）和一些非洲土著的"食虫类"（无尾猬、金鼹等）中发现了一些共同的基因组变异，如乳腺癌抗原 1（BRCA1）中有 9 个碱基对的缺失，还在基因组的非编码区中发现了特有的"非洲短散布核元件（AfroSINES）"。他们把上述这些"非洲类型"的动物合在一起，组成一个比目更高的分类单元（Afrotheria，非洲兽类）。根据类似的分子生物学信息，他们把其他大陆的异节类、真魁兽啮型类和劳亚兽类看作是与非洲兽类同级的单元。分子生物学家们所提出的许多全新观点，虽然在细节上尚有很多值得进一步商榷之处，但对现行的分类体系无疑具有重要的参考价值，应在本志中得到应有的重视和反映。

采取哪种分类方案直接决定了本志书的总体结构和各卷、册的划分。经历了多次变化后，最后我们没有采用严格按照节点型定义的现生动物（冠群）五"纲"（鱼、两栖、爬行、鸟和哺乳动物）将志书划分为五卷的办法。其中的缘由，一是因为以化石为主的各"纲"在体量上相差过于悬殊。现生动物的五纲，在体量上比较均衡（参见第一卷第一册"脊椎动物总论"中有关部分），而在化石中情况就大不相同。两栖类和鸟类化石的体量都很小：两栖类化石目前只有不到 40 个种，而鸟类化石也只有大约五六十种（不包括现生种的化石）。这与化石鱼类，特别是哺乳类在体量上差别很悬殊。二是因为化石的爬行类和冠群的爬行动物纲有很大的差别。现有的化石记录已经清楚地显示，从早期的羊膜类动物中很早就分出两大主要支系：一支通过早期的下孔类演化为哺乳动物。下孔类，按照演化分类学家的观点，虽然是哺乳动物的早期祖先，但在形态特征上仍然和爬行类最为接近，因此应该归入爬行类。按照分支系统学家的观点，早期下孔类和哺乳动物共同组成一个全群（total group），两者无疑应该分在同一卷内。该全群的名称应该叫做下孔类，亦即：下孔类包含哺乳动物。另一支则是所有其他的爬行动物，包括从蜥臀类恐龙的虚骨龙类的一个分支演化出的鸟类，因此鸟类应该与爬行类放在同一卷内。上述情况使我们最后决定将两栖类、不包括下孔类的爬行类与鸟类合为一卷（第二卷），而早期下孔类和哺乳动物则共同组成第三卷。

在卷、册标题名称的选择上，我们碰到了同样的问题。分支系统学派，特别是系统发育分类命名法规学派，虽然强烈反对在分类体系中建立绝对阶元级别，但其基于严格单系分支概念的分类名称则是"全套叠式"的，亦即每个高阶分类单元必须包括其最早的祖先及由此祖先所产生的所有后代。例如传统意义中的鱼类既然包括肉鳍鱼类，那么也必须包括由其产生的所有的四足动物及其所有后代。这样，在需要表述某一"全套叠式"的名称的一部分成员时，就会遇到很大的困难，会出现诸如"非鸟恐龙"之类的称谓。相反，林奈分类体系中的高阶分类单元名称却是"分段套叠式"的，其五纲的概念是互不包容的。从分支系统学的观点看，其中的鱼纲、两栖纲和爬行纲都是不包括其所有后代的并系类群（paraphyletic groups），只有鸟纲和哺乳动物纲本身是真正的单系分支（clade）。林奈五纲的概念在生物学界已经根深蒂固，不会引起歧义，因此本志书在卷、册的标题名称上还是沿用了林奈的"分段套叠式"的概念。另外，由于化石类群和冠群在内涵和定义上有相当大的差别，我们没有直接采用纲、目等阶元名称，而是采用了含义宽泛的"类"。第三卷的名称使用了"基干下孔类 哺乳类"是因为"下孔类"这一分类概念在学界并非人人皆知，若在标题中舍弃人人皆知的哺乳类，而单独使用将哺乳类包括在内的下孔类这一全群的名称，则会使大多数读者感到茫然。

在编撰本志书的过程中我们所碰到的最后一类问题是全套志书的规范化和一致性的问题。这类问题十分烦琐，我们所花费时间也最多。

首先，全志在科级以下分类单元中与命名有关的所有词汇的概念及其用法，必须遵循《国际动物命名法规》。在本志书项目开始之前，1999 年最新一版（第四版）的《International Code of Zoological Nomenclature》已经出版。2007 年中译本《国际动物命名法规》（第四版）也已出版。由于种种原因，我国从事这方面工作的专业人员，在建立新科、属、种的时候，往往很少认真阅读和严格遵循《国际动物命名法规》，充其量也只是参考张永辂 1983 年出版的《古生物命名拉丁语》中关于命名法的介绍，而后者中的一些概念，与最新的《国际动物命名法规》并不完全符合。这使得我国的古脊椎动物在属、种级分类单元的命名、修订、重组，对模式的认定，模式标本的类型（正模、副模、选模、副选模、新模等）和含义，其选定的条件及表述等方面，都存在着不同程度的混乱。

这些都需要认真地予以厘定，以免在今后以讹传讹。

其次，在解剖学，特别是分类学外来术语的中译名的取舍上，也经常令我们感到十分棘手。"全国科学技术名词审定委员会公布名词"（网络 2.0 版）是我们主要的参考源。但是，我们也发现，其中有些术语的译法不够精准。事实上，在尊重传统用法和译法精准这两者之间有时很难做出令人满意的抉择。例如，对 phylogeny 的译法，在"全国科学技术名词审定委员会公布名词"中就有种系发生、系统发生、系统发育和系统演化四种译法，在其他场合也有译为亲缘关系的。按照词义的精准度考虑，钟补求于 1964 年在《新系统学》中译本的"校后记"中所建议的"种系发生"大概是最好的。但是我国从1922 年杜就田所编撰的《动物学大词典》中就使用了"系统发育"的译法，以和个体发育（ontogeny）相对应。在我国从 1978 年开始的介绍和翻译分支系统学的热潮中，几乎所有的译介者都延用了"系统发育"一词。经过多次反复斟酌，最后，我们也采用了这一译法。类似的情况还有很多，这里无法一一列举，这些抉择是否恰当只能留待读者去评判了。

再次，要使全套志书能够基本达到首尾一致也绝非易事。像这样一部预计有 3 卷 23册的丛书，需要花费众多专家多年的辛勤劳动才能完成；而在确立各种体例和格式之类的琐事上，恐怕就要花费其中一半的时间和精力。诸如在每一册中从目录列举的级别、各章节排列的顺序，附录、索引和文献列举的方式及详简程度，到全书中经常使用的外国人名和地名、化石收藏机构等的缩写和译名等，都是非常耗时费力的工作。仅仅是对早期文献是否全部列入这一点，就经过了多次讨论，最后才确定，对于 19 世纪中叶以前的经典性著作，在后辈学者有过系统而全面的介绍的情况下（例如 Gregory 于 1910 年对诸如 Linnaeus、Blumenbach、Cuvier 等关于分类方案的引述），就只列后者的文献了。此外，在撰写过程中对一些细节的决定经常会出现反复，需经多次斟酌、讨论、修改，最后再确定；而每一次反复和重新确定，又会带来新的、额外的工作量，而且确定的时间越晚，增加的工作量也就越大。这其中的烦琐和日久积累的心烦意乱，实非局外人所能体会。所幸，参加这一工作的同行都能理解：科学的成败，往往在于细节。他们以本志书的最后完成为己任，孜孜矻矻，不厌其烦，而且大多都能在规定的时限内完成预定的任务。

本志编撰的初衷，是充分发挥老科学家的主导作用。在开始阶段，编委会确实努力按照这一意图，尽量安排老科学家担负主要卷、册的编研。但是随着工作的推进，编委会越来越深切地感觉到，没有一批年富力强的中年科学家的参与，这一任务很难按照原先的设想圆满完成。老科学家在对具体化石的认知和某些领域的综合掌控上具有明显的经验优势，但在吸收新鲜事物和新手段的运用、特别是在追踪新兴学派的进展上，却难以与中年才俊相媲美。近年来，我国古脊椎动物学领域在国内外都涌现出一批极为杰出的人才，其中有些是在国外顶级科研和教学机构中培养和磨砺出来的科学家。他们的参与对于本志书达到"当前研究水平"的目标起到了关键的作用。值得庆幸的是，我们所邀请的几位这样的中年才俊，都在他们本已十分繁忙的日程中，挤出相当多时间参与本志有关部分的撰写和／或评审工作。由于编撰工作中技术性任务量大、质量要求高，一部分年轻的学子也积极投入到这项工作中。最后这支编撰队伍实实在在地变成了一支老中青相结合的队伍了。

大凡立志要编撰一本专业性强的手册性读物，编撰者首要的追求，一定是原始资料的可靠和记录及诠释的准确性，以及由此而产生的权威性。这样才能经得起广大读者的推敲和时间的考验，才能让读者放心地使用。在追求商业利益之风日盛、在科普读物中往往充斥着种种真假难辨的猎奇之词的今天，这一点尤其显得重要，这也是本编辑委员会和每一位参撰人员所共同努力追求并为之奋斗的目标。虽然如此，由于我们本身的学识水平和认识所限，错误和疏漏之处一定不少，真诚地希望读者批评指正。

感谢 《中国古脊椎动物志》编研工作得以启动，首先要感谢科技部具体负责此项工作的基础研究司的领导，也要感谢国家自然科学基金委员会、中国科学院和相关政府部门长期以来对古脊椎动物学这一基础研究领域的大力支持。令我们特别难以忘怀的是几位参与我国基础性学科调研并提出宝贵建议的地学界同行，如黄鼎成和马福臣先生，是他们对临界或业已退休、但身体尚健的老科学工作者的报国之心的深刻理解和积极奔走，才促成本专项得以顺利立项，使一批新中国建立后成长起来的老古生物学家有机会把自己毕生积淀的专业知识的精华总结和奉献出来。另外，本志书编委会要感谢本专项的挂靠单位，中国科学院古脊椎动物与古人类研究所的领导和各处、室，特别是标本馆、图书室、负责照相和绘图的技术室，以及财务处的同仁们，对志书工作的大力支持。编委会要特别感谢负责处理日常事务的本专项办公室的同仁们。在志书编撰的过程中，在每一次研讨会、汇报会、乃至财务审计等活动中，他们忙碌的身影都给我们留下了难忘的印象。我们还非常幸运地得到了与科学出版社的胡晓春编辑共事的机会。她细致的工作作风和精湛的专业技能，使每一个接触到她的参撰人员都感佩不已。在本志书的编撰过程中，还有很多国内外的学者在稿件的学术评审过程中提出了很多中肯的批评和改进意见，使我们受益匪浅，也使志书的质量得到明显的提高。这些在相关册的致谢中都将做出详细说明，编委会在此也向他们一并表达我们衷心的感谢。

《中国古脊椎动物志》编辑委员会

2013 年 8 月

特别说明：本书主要用于科学研究。书中可能存在未能联系到版权所有者的图片，请见书后与科学出版社联系处理相关事宜。

本 册 前 言

    基干下孔类是羊膜类动物中重要的组成部分，是哺乳动物的祖先类型。它在世界各地留下了丰富的化石记录，为生物进化，特别是哺乳动物起源提供了充分的实物依据。中国虽然缺失下孔类中最原始的盘龙目的化石记录，但兽孔目的化石丰富，且含化石地层连续，是世界上最重要兽孔目化石产地之一。自 1928 年袁复礼先生在新疆发现中国的第一批"兽孔类"化石和 1934 年袁复礼先生和杨钟健先生共同记述中国的第一个二齿兽化石开始，在过去的八十余年间中国的古生物工作者记述了大量自中二叠世至晚侏罗世的"兽孔类"。此册志书确认共存在 30 属 47 种，分属于 4 亚目 12 科。其中既有最原始的"兽孔类"的代表，也有与哺乳动物关系密切的"犬齿兽类"，当然属种数量和个体数量最多的要数二齿兽类。

    孙艾玲先生组织编写的《The Chinese Fossil Reptiles and Their Kins》一书（Sun et al., 1992）系统而全面地总结了中国的化石两栖类、爬行类和鸟类。该书 2008 年的修订版（Li et al., 2008）为本册志书的编写奠定了基础——化石的名称、鉴别特征、分类位置、产地、时代和标本号等都已经过核实。本册志书编写的过程中加入了一些近年来记述的属种，用分支系统学对各分类级别进行定义。

    在此我们感谢所有为中国基干下孔类研究做出贡献的人们，特别是杨钟健先生和孙艾玲先生。没有他们的付出和杰出的工作，就没有今天"下孔类"研究的丰硕成果。我们感谢所有为《中国古脊椎动物志》项目做出贡献的领导和同仁们，任何一册志书的出版都是集体劳动的成果，它必定为中国古脊椎动物学的发展起到引导和推动的作用。本册志书的编写开始于 2007 年 10 月，于 2011 年 8 月完稿。书中的线条图引自不同的作者，照片由张杰先生拍摄，图件处理由王炜和刘效立承担，作者在此致以诚挚的谢意。

本册涉及的机构名称及缩写

【缩写原则：1. 本志书所采用的机构名称及缩写仅为本志使用方便起见编制，并非规范名称，不具法规效力。2. 机构名称均为当前实际存在的单位名称，个别重要的历史沿革在括号内予以注解。3. 原单位已有正式使用的中、英文名称及缩写者（用 * 标示），本志书从之，不做改动。4. 中国机构无正式使用之英文名称及／或缩写者，原则上根据机构的英文名称或按本志所译英文名称字串的首字符（其中地名按音节首字符）顺序排列组成，个别缩写重复者以简便方式另择字符取代之。】

*GMC — 中国地质博物馆（北京）Geological Museum of China (Beijing)

*IGCAGS — 中国地质科学院地质研究所（北京）Institute of Geology, Chinese Academy of Geological Sciences (Beijing)

*IVPP — 中国科学院古脊椎动物与古人类研究所（北京）Institute of Vertebrate Paleontology and Paleoanthropology, Chinese Academy of Sciences (Beijing)

*NIGPAS — 中国科学院南京地质古生物研究所（江苏）Nanjing Institute of Geology and Palaeontology, Chinese Academy of Sciences (Jiangsu Province)

PKUP — 北京大学古生物博物馆 Peking University Paleontology Museum

*ZDM — 自贡恐龙博物馆（四川）Zigong Dinosaur Museum (Sichuan Province)

目　　录

基干下孔类导言

一、概　述

在 20 世纪 90 年代之前，按照传统的综合系统学（synthetic systematics）的分类方法，下孔类作为亚纲一级（Subclass Synapsida）被归入爬行动物纲中（Romer, 1956, 1966; Carroll, 1988）。下孔类以头骨后部具一个位于鳞骨和眶后骨之下的颞孔（称为下颞孔）（图 1）区别于爬行动物纲中不具颞孔的无孔亚纲（Subclass Anapsida）和具两个颞孔的双孔亚纲（Subclass Diapsida）。下孔亚纲包括盘龙目（Order Pelycosauria）和兽孔目（Order Therapsida）。研究者很早就发现盘龙类和兽孔类与哺乳动物有密切的亲缘关系，过去常常被合称为似哺乳爬行类。

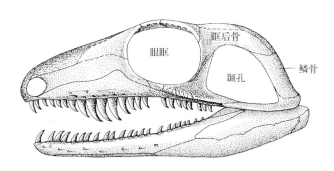

图 1　下孔类头骨颞孔位置示意图

近年来分支系统学被广泛应用于脊椎动物分类。这一分类方法强调分类单元的单系性。单系类群包括所涉及类群的最近的共同祖先及其所有后裔。只有这样的类群才被认为是自然而具有分类意义的。下孔类的原始成员在它们刚刚出现的中石炭世，即与由无孔类和双孔类组成的爬行类[①]分开演化。它们作为羊膜类的最早期成员，几乎没有发育与陆地生活相适应的特征。后来下孔类和爬行动物都发育了陆地生活所必须的进步的呼吸系统、排泄系统和运动系统；这两个支系中都包括具有飞行能力的动物和包括有变为内温的动物；它们都发育了哺育幼仔的习性和复杂的社会习性。尽管在下孔类和爬行动物

[①]　近年来蜥孔类（Sauropsida）一词被广泛使用。如 Pough 等（2009）所作的支序图中，下孔类与蜥孔类形成姐妹群。蜥孔类由中龙科（Mesosauridae）和爬行动物（Reptilia）组成。因我国迄今尚未发现中龙类的化石材料，此处粗略地使用爬行动物一词，这样可能更易于读者理解。

中产生了这些一致的进化倾向，而它们在基本功能上的区别显示这些进步特征是独立发生的。按照分支系统学的原则，盘龙目和兽孔目不再属爬行类，它们与哺乳动物共同构成单系的下孔类，下孔类是爬行类的姐妹群（Modesto, 1999）(图 2)。

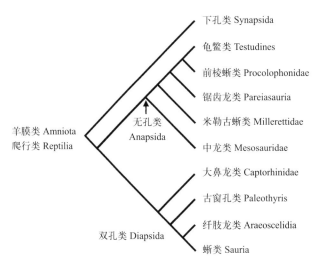

图 2　羊膜类的支序图（引自 Modesto, 1999）

本册志书冠名"基干下孔类"，"基干下孔类"中应包括"盘龙类"和除哺乳型类（Mammaliaformes Rowe, 1988）之外的兽孔类。为了论述的简单方便，在此文中将并系的盘龙类、不包括冠群[①]的下孔类、不包括冠群的兽孔类和不包括冠群的犬齿兽类均加引号使用，表示为"盘龙类"、"下孔类"、"兽孔类"和"犬齿兽类"。

"下孔类"是羊膜类中重要的组成部分。虽然在大约两亿年前的三叠纪结束时，"下孔类"的绝大部分成员就从地球上消失了，但它们留下了丰富完好的化石记录。这一记录似乎比任何其他的陆生脊椎动物类群的演变序列更完整。它们的演化经历了一个巨大的时间跨度和形态变化的进程，从早期非常原始的阶段，到另外一些结构上与哺乳动物极为近似的类群，使人们可以据此追寻哺乳动物产生的踪迹。当然这一记录在地理分布上是分散的，没有任何一个地区有哪怕是相对完整的历史记录。实际上在许多情况下，一个地区仅包含某一时期的化石记录。同样，受气候和环境的影响，也没有单一的似哺乳爬行类群具世界性的分布，虽然它们中的一些种类在生活时分布广泛。

最原始的"下孔类"出现于中石炭世的北美，在二叠纪时得到快速的发展和广泛的辐射，成为陆生动物群的统治成员。过去经常被使用的"爬行动物时代"实际上是由两部分组成的。第一阶段的主要成员是被称为似哺乳爬行动物的"盘龙类"和"兽孔类"，以及数量不多的共生的原始无孔类和双孔类。只有进入到侏罗纪后它们的统治地位才被

---

① 冠群是针对某一个特定的现生类群。如哺乳动物冠群是由现生哺乳动物的共同祖先所界定的一个类群，包括单孔类（鸭嘴兽）和兽类（有袋类加有胎盘类）的共同祖先及其所有后裔。

恐龙所取代，而似哺乳爬行类的后代——哺乳型动物虽然最早出现于三叠纪，但现生哺乳动物亚纲冠群的化石分子在中侏罗世才出现。现生哺乳动物的目、科级支系只是在白垩纪末期的生物大灭绝后，才进入繁荣发展的时期。

二、下孔类的定义

Synapsida 是 Osborn 在 1903 年首次提出的分类单元。他依据头骨上的颞弓（temporal arch）数量，将爬行纲分为两部分：下孔亚纲（Sub-class Synapsida）和双孔亚纲（Sub-class Diapsida）。他指出"下孔类"原始地具有单一的或联合的颞弓，而双孔类原始地具有两个或分开的颞弓。他同时正确地认识到"下孔类"是哺乳动物的祖先类型，从"下孔类"中的某一未知的成员进化到哺乳动物。但由于这一分类过于简单，也由于他使用颞弓（而不是颞孔）数量作为分类依据，所以在"下孔类"中不仅正确地包括了二齿兽类（Dicynodontia）、犬齿兽类（Cynodontia）、阔齿兽类（Gomphodontia）和兽齿类（Theriodontia）等这些后来被确认的似哺乳爬行动物，也包括了虽然有一个颞孔但与上述类型完全没有亲缘关系的楯齿龙类（Placodontia）和蛇颈龙类（Plesiosauria），甚至包括了头骨不具颞孔的"杯龙类"（Cotylosauria）和龟鳖类（Testudinata）。

20 世纪初期，古生物学界对北美"盘龙类"的亲缘关系有不同看法。1910 年以后，Broom 努力去说明"盘龙类"与南非"兽孔类"之间的密切关系。他在 1914 年的文章中通过对头骨、下颌和头后骨骼的详细对比，确认"盘龙类"与"兽孔类"，特别是恐头兽类（dinocephalians）之间存在明显的亲缘关系。他的观点被后来的学者广泛接受。在这一时期，人们更加强调头骨颞区结构在爬行动物分类中的作用。

Williston（1925）在讨论爬行动物分类时，采纳当时一些新的研究成果，修订了Osborn（1903a, b）的分类，使其大大地向前推进了一步。Williston 将具封闭头骨的"杯龙类"和龟鳖类从"下孔类"中移出，放入新建立的无孔亚纲（Anapsida）；将楯齿龙类和蛇颈龙类也从"下孔类"中移出，建立了一新的亚纲 Synaptosauria。而将"盘龙类"置于"下孔类"中。这一分类确立了"下孔类"的单系性，它仅包括"盘龙目"和"兽孔目"，组成从原始的羊膜类向哺乳动物演化的一支。这一"下孔类"的概念为后来的研究者所广泛接受（Romer, 1956, 1966; Carroll, 1988）。"下孔类"的主要特征包括：①眼眶的后方仅有一对侧颞孔。在原始的一些种类中，颞孔的上方是眶后骨和鳞骨。在一些进步的类型中，因颞孔的不断扩大，顶骨也参与其中。②牙齿具分化的趋势。边缘齿可分为前端的门齿、增大的犬齿和后部的颊齿。晚期进步的"下孔类"可具高度特化的齿型。③具骨块数目减少的趋势。在其发展的最后阶段，头骨构造非常接近于哺乳动物的构造发展水平。④中耳的位置低，靠近颌关节部。⑤隅骨反折翼（reflected lamina of angular）的雏形自盘龙类的楔齿兽开始出现（在隅骨外部与下颌关节区间出现一裂隙）。在"兽孔类"中形成独特的后部呈自由端的板状的结构，用以固着翼肌，称之为隔骨反折翼。⑥脊椎是原始的双凹型。早期的"下孔类"中还有终生发育保有的小的间椎体。⑦肢骨由早期的粗壮型向轻巧型转变。

近年来，在分支系统学中，下孔类被定义为"包括哺乳动物和所有已灭绝的与哺乳动物比与爬行动物关系更密切的羊膜动物"。Reisz（1986）注意到下孔类的共近裔性，这些特征可以将下孔类中最原始的成员——"盘龙类"与非下孔类的羊膜动物区别开来，它们是：①颞孔上缘原始地由鳞骨和眶后骨组成。②枕面宽，向前方倾斜。③后颞孔缩小。④单一的后顶骨位于中线部位。⑤隔颌骨有宽的基部和粗大的背突。

三、基干下孔类的系统发育关系和分类

"盘龙类"是"下孔类"中的原始成员，传统上认为它包括三个主要的类群：蛇齿龙亚目（Suborder Ophiacodontia）、基龙亚目（Suborder Edaphosauria）和楔齿龙亚目（Suborder Sphenacodontia）。蛇齿龙类是"盘龙类"中的原始成员。其中一些代表属，如 Ophiacodon 和 Varanosaurus 可能栖居于河流、湖泊及其他水体的岸边，以捕食鱼类为生。基龙类分为长有背帆的类型（如 Edaphosaurus）和无背帆的类型（如 Casea），它们都生活于沼泽和低地环境，以植物为食。而楔齿龙类是具攻击性的肉食动物，一些成员亦具背帆。它因向兽孔类进化而具重要的生物学意义。按照分支系统学的方法，"盘龙类"的 6 个科（Caseidae, Eothyrididae, Varanopseidae, Ophiacodontidae, Edaphosauridae 和 Sphenacodontidae）组成兽孔类连续的外类群（图3）。

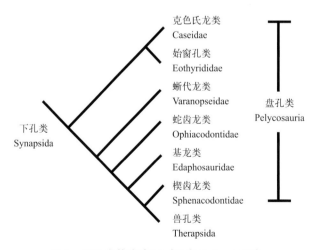

图3　下孔类的支序图（引自 Reisz, 1986）

"盘龙类"的化石主要发现于美国的得克萨斯州、俄克拉荷马州和新墨西哥州的晚石炭世—早二叠世的地层中，在欧洲同时代地层中也有许多发现。中国北方虽有大面积石炭纪和早二叠世陆相地层出露，古生物学工作者也付出了艰辛的劳动，希望有所突破，但到目前为止尚未发现"盘龙类"的化石。这使得本册的实质内容仅包括原始的"兽孔类"。

Broom（1910）建立了"兽孔类"和"盘龙类"之间的密切关系。"兽孔类"的成员，从最开始出现就分化为几种不同的类型。但是它们共有的相似性表明"兽孔类"是单系的，它们都来自"盘龙类"中最进步的楔齿龙类。 Kemp（1982）以及 Hopson 和 Barghusen（1986）首先对"盘龙类"和"兽孔类"进行了分支系统学的分析。Hopson（1991）和 Laurin（1993）指出，原始的"兽孔类"和楔齿龙类共有下列特征：①齿列分化为前部的门齿、加大的犬齿形齿和后部的犬齿后齿。②上颌骨加大，以容纳大的上颌犬齿和与鼻骨相连。③下颌具高的冠状突和低于齿列的颌关节。④楔齿龙下颌的隅骨棱（angular keel）和关节区之间有一凹缺，这是隅骨反折翼（reflected lamina of angular）的初期形态。⑤枕面具发育完好的上枕骨和副枕骨突。⑥头后骨骼特征包括：躯椎间椎体缩减，肩胛板（scapular blade）变窄。楔齿龙类的一些成员，如 *Dimetrodon* 等，因具非常长的神经棘和减少的前上颌齿等这些过于特化的特征，不可能是"兽孔类"的直接祖先。Carroll（1988）认为楔齿龙类中原始的属 *Haptodus* 能够充当这一角色。"兽孔类"可能在晚石炭世到中二叠世之间的某个时期，从类似于 *Haptodus* 的"盘龙类"中演化而来。

不管使用传统的方法还是使用分支系统学分类，古生物工作者对"兽孔目"的组成有相当一致的看法，只是在具体分类方案上存在某些差异（Romer, 1966; Carroll, 1988; Benton, 2005; Kemp, 2005）。Rubidge 和 Sidor（2001）、Kemp（2005）、Benton（2005）使用分支系统学的分类方法，"兽孔目"中都包括有 6 个亚目。区别是 Rubidge 和 Sidor（2001）和 Kemp（2005）承认 Anomodontia 这一分类级别，而将 Dicynodontia 置于其中，而 Benton（2005）直接使用 Dicynodontia。本志书使用前一种分类方案，"兽孔目"包括比阿莫鳄亚目（Biarmosuchia）、恐头兽亚目（Dinocephalia）、异齿兽亚目（Anomodontia）、凶脸兽亚目（Gorgonopsia）、兽头亚目（Therocephalia）和犬齿兽亚目（Cynodontia）（图 4）。

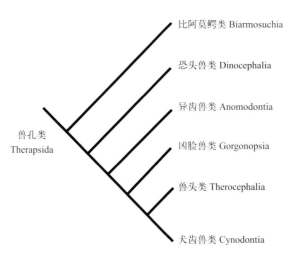

图 4 兽孔类的支序图（引自 Rubidge et Sidor, 2001）

我国目前尚未发现比阿莫鳄亚目和凶脸兽亚目的化石。2009 年 Liu 等（2009）报道了甘肃玉门大山口中二叠统青头山组（原西大沟组）的一原始"兽孔类"——珍稀兽（*Raranimus*）。虽然化石材料不完整，但作者在前人建立的特征矩阵的基础上（Sidor et Hopson, 1998; Sidor et Rubidge, 2006; Rubidge et al., 2006），加入珍稀兽进行支序分析，结果表明珍稀兽代表最原始的兽孔类，是所有其他兽孔类的姐妹群。它的发现填补了下孔类演化的重要形态以及时间空白，支持兽孔类的劳亚大陆起源说。

恐头兽目的成员是大型体格笨重的动物，也是最早出现的"兽孔类"之一。它发现于俄罗斯、南非和中国的中二叠统。经过一个很短促的繁荣期，恐头兽类在南非的貘头兽组合带（*Tapinocephalus* Assemblage Zone）结束后、二叠纪尚未结束时，就从地球上彻底地消失了。恐头兽类包括肉食性和植食性的两大类群，它们共有的一些进步特征表明了它们的单系性。①门齿舌侧齿冠基部具齿踵结构（tooth heel）。与比阿莫鳄类及凶脸兽类一样，当颌关闭时上下门齿交叉。②颞孔加大，颞肌的起点向上和向前扩展到顶骨和眶后骨的顶面。③颌关节前移，下颌变短。④头骨有强烈的加厚倾向。恐头兽类比异齿兽类和兽头类更原始。Kemp（1982, 2005）认为恐头兽类由两部分组成：原始肉食性的前卫龙类（anteosauroids）和既有植食性也有肉食性的巨鳄兽类（titanosuchians）。中国目前仅在甘肃中二叠统发现前卫龙科的一个代表。

异齿兽亚目的成员是高度特化的植食动物，从许多标准来看，它们都是最成功的"兽孔类"。在几乎所有晚二叠世的化石点中，异齿兽类的个体数量都是最多的。它们的分布也最广，化石发现于包括澳大利亚和南极洲在内的所有大陆。在"兽孔类"的主要类群中，它们从中二叠世开始出现，到晚三叠世消失，延续时间最长。Romer（1966）和 King（1988）曾认为异齿兽类包括恐头兽类和二齿兽类两部分。按照 Kemp（1988, 2005）和 Hopson（1991）意见，异齿兽亚目局限于二齿兽类和拥有二齿兽类特征的一些更原始的类元。它们的主要特征包括：①头骨的眶前区缩短。②上颌骨齿的大小从前向后变小。③腭齿缺失。④颧弓背向弯曲。⑤侧翼骨突缩小。⑥齿骨和上隅骨形成下颌背面的最高点。⑦下颌窗（mandibular fenestra）存在。进步的异齿兽类——二齿兽类具一对上颌犬齿，它们的大部分或全部的齿列消失，而以角质层代替。同时它的特化的颌关节允许在颌肌拉力下使下颌产生向后滑动咬合。

我国异齿兽类化石丰富，不仅有上二叠统至中三叠统产出的形形色色的二齿兽类，还有中二叠统异齿兽类的最原始成员。Liu 等（2010）依据一产自甘肃玉门青头山组（原西大沟组）的头骨和下颌，重新记述了祁连双列齿兽（*Biseridens qilianicus* Li et Cheng, 1997）。认为它因具有短的吻部、背向抬高的颧弓和隔颌骨缺失了伸长后背突等特征应属于异齿兽类，而不是始巨鳄类（eotitanosuchian）（李锦玲、程政武，1997a）。支序系统学分析表明双列齿兽是最原始的异齿兽类。

兽头亚目和犬齿兽亚目是"兽孔类"中的进步类型。人们尚未确定它们的起源和彼此的亲缘关系。推测它们分别起源于原始肉食性的"兽孔类"。与其他"兽孔类"不同，迄今尚未发现兽头类的最原始成员。这一类群第一次出现时，它们已经很好地分化，所有的特征都已明显存在。兽头类包括小型可能以昆虫为食的动物（如 scaloposaurids）、大型的肉食类（如 pristerognathids）和植食类（如 bauriids）。它们的化石发现于非洲南部和东部、俄罗斯、中国和南极的中二叠世—中三叠世的地层。兽头类的特征包括：头骨腭面具一对眶下窗（suborbital fenestra）。颞孔加大，间颞区窄，常常形成一高的顶脊，由顶骨构成，而眶后骨缩小。犁骨加宽，在原始的类型中犁骨与前颌骨和上颌骨一道组成次生腭。镫骨失去镫骨孔和背突。与颞孔加大功能上相关联的，是下颌具宽而平的齿骨冠状突。下颌隅骨的反折翼有自由的背缘，表面具一系列放射状的脊。腰部的肋骨缩小，呈水平状。髂骨具前突，股骨有一附加的转子。指（趾）式独立地缩减为 2-3-3-3-3，与哺乳动物的相同。

迄今为止，我国还没有二叠纪较为原始的兽头类的正式报道（内蒙古二叠系已有化石发现）。该类化石大部分发现于新疆和华北早 - 中三叠世的地层。除分类位置不明的伊克昭兽（*Yikezhaogia*）外，孙艾玲（1991）将其余的几个属种分别归入帕氏兽科（Regisauridae）、鄂尔多斯兽科（Ordosiidae）和包氏兽科（Bauriidae）。它们同属包氏兽超科（Baurioidea）。

"犬齿兽类"是"兽孔类"中最晚出现的类群。最早的代表发现于南非上二叠统 Tropidostoma 组合带。"犬齿兽类"持续地生存于三叠纪，在发展的进程中，使一些特征演化到类似于哺乳动物的水平。它是"兽孔类"中最接近于哺乳动物的类群。"犬齿兽类"主要可以分为原始的原犬鳄兽科（Procynosuchidae）、盔兽科（Galesauridae）以及进步的真犬齿兽类（Eucynodontia）。"犬齿兽类"的特征包括：颞孔加大，间颞部形成的矢状脊主要由顶骨组成。但与兽头类不同的是矢状脊更深，眶后骨进一步缩小，局限到颞孔的最前部。随着类群的发展，次生腭逐步趋于完善。与兽头类和二齿兽类不同的是，腭骨参与次生腭的组成。下颌齿骨加大，具高而宽的冠状突，突的外侧面有一连接下颌收肌的凹。隅骨的反折翼缩小为薄板状。

中国的"犬齿兽类"化石较为丰富，但类型单调，分属于三脊齿兽科（Trirachodontidae）和三列齿兽科（Tritylodontidae）。化石发现于云南、四川、重庆、山西、甘肃和新疆的早三叠世至中侏罗世的地层。

四、"兽孔类"的骨骼特征

"兽孔类"的头骨结构展示了一个演化发展的连续系列，从类似于进步的"盘龙类"——楔齿龙类的原始状态，发展到接近于原始哺乳动物的进步类型。其头骨的一般特征包括：外鼻孔位于吻端的背方。隔颌骨比较大，向后延伸到鼻骨和上颌骨之间。上颌骨高，泪骨短，在进步的类型中后额骨缺失。一个窄的眶后棒通常是保存的，但在进步的类型中它可能消失。由于颧弓的外移和鳞骨的侧向扩展，使得颧弓加宽。方轭骨小，与方骨紧密连接，但在大部分类群中它不出现在颊区的外表面。顶孔在原始类型中存在，但在许多进步类型中消失。基蝶骨上小的基翼突通常保存，但两翼骨牢固地连接基颅（basicranium）的腹面，且在中线相连，部分或完全地封闭了间翼腔（interpterygoid vacuity）。翼骨凸缘（pterygoid flange）在原始类型中存在，但在一些类群中缩小；翼骨的方骨支一般较细，可能并未伸达方骨。上翼骨常常加大，作为脑腔的辅助侧壁。副枕骨突较大而且转向下方，它在方骨内侧紧接鳞骨，距离颌关节上方不远。前耳骨倾向于加大，和顶骨下延部分一道关闭后脑（hindbrain）。镫骨短，镫骨的背突短而纤细。"兽孔类"下颌展示了这一门类最为独特的特征，也许是唯一的共有特征——具隅骨的反折翼（reflected lamina of angular）。这是在隅骨体外侧的一个向后延伸的薄的骨板，它的前部与隅骨连接，但具自由的背缘、后缘和腹缘（图5、图15、图19）。

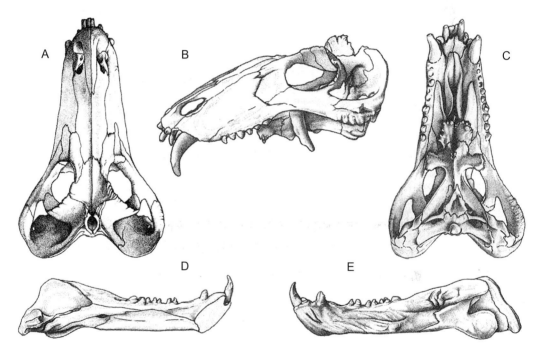

图 5　恐头兽类 *Syodon* 头骨和下颌

A. 头骨顶面视, B. 头骨左侧视, C. 头骨腭面视, D. 左下颌支内侧视, E. 左下颌支外侧视 (引自 Orlov, 1958)

下述一些特征则更清楚地显示了"兽孔类"向哺乳动物方向的演化：

（1）颞孔的加大和间颞部的变窄。像"盘龙类"祖先一样，原始的"兽孔类"常常具有相对较小的颞孔和较宽的间颞部，眶后骨和鳞骨在颞孔的上缘相接。如在恐头兽类中，颞孔前后向短，位置高，但两颞孔间顶骨宽。在植食性的貘头兽类中，粗大的眶后骨单独构成眶后棒，它在间颞部的侧面也占据了非常大的面积，后端与鳞骨相接。二齿兽类颞孔加大，吻部变得相对短小。早期的类型顶骨在头骨顶面暴露较宽。随着颞孔的扩大，眶后骨可以在头骨的后部挤压顶骨，并贴接在顶骨的两侧，形成狭窄的矢状脊。兽头类的颞孔进一步扩大，且向内侧扩展，仅留下一窄的间颞区。在一些成员中，发育为一高的中脊。在此过程中，眶后骨缩小，顶骨形成间颞部侧面的大部分。犬齿兽类颞孔的扩大产生了比兽头类更长更深的间颞部或矢状脊。眶后骨进一步缩小，局限到颞孔的最前部，矢状脊的大部分由顶骨组成（图6）。

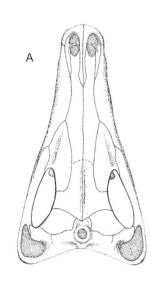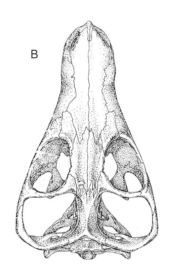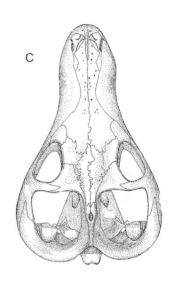

图6　兽孔类颞孔和间颞部比较

A. 恐头兽类比阿莫鳄（*Biarmosuchus*）头骨顶面视（引自 Sigogneau et Chudinov, 1972），B. 兽头类帕氏兽（*Regisaurus*）头骨顶面视（引自 Mendrez, 1972），C. 犬齿兽类原犬齿鳄（*Procynosuchus*）头骨顶面视（引自 Kemp, 1979）

位于颞孔和眼孔下方的下颞棒（lower temporal bar）是咬肌（masseter muscle）的固着处。在原始的"兽孔类"中下颞棒平直，非常靠近下颌的上缘，并未给连接到下颌外侧面的肌肉留下空间。而在"犬齿兽类"和哺乳动物中这个骨棒向外弯曲，形成颧弓，证明了咬肌的存在。

（2）顶孔的存在。顶骨上具一个容纳松果体的孔，它反映动物用改变习性的方法控制体温。顶孔存在于"盘龙类"和大部分的"兽孔类"中，但在进步的"犬齿兽类"和哺乳动物中消失。

（3）次生腭的形成。次生腭是在头骨的腭面原生腭（original palate roof）的下方，由两侧的上颌骨、腭骨及翼骨在中线相连形成的一个骨板。这一被称为次生腭的骨板隔开了鼻道和口腔，使动物的呼吸不受口腔内进食的影响。鼻道连通头骨前部的外鼻孔和口腔内的内鼻孔，随着次生腭的逐步完善（上颌骨、腭骨、翼骨依次加入到次生腭中，翼骨的加入发生在真鳄类中），内鼻孔的位置后移。次生腭在兽头类和犬齿兽类中开始出现，但这一结构在这两个类群中有不同的组成。在原始的兽头类中前颌骨、上颌骨和犁骨参与了次生腭的组成。在原始的犬齿兽类中犁骨在次生腭的背方，腭骨参与了次生腭的组成，构成了次生腭的最后缘。产自新疆早三叠世的兽头类——李氏乌鲁木齐兽（*Urumchia lii*）中，犁骨位于内鼻孔的前缘和中部，参与了次生腭的组成。在中国几种较进步兽头类，如凹进哈镇兽（*Hazhenia concava*）、杨氏河套兽（*Ordosiodon youngi*）和王屋似横齿兽（*Traversodontoides wangwuensis*）中，次生腭发育完好，虽然犁骨已位于次生腭板的背方，但腭骨尚未参与次生腭的组成。在中国的犬齿兽类——完美中国颌兽（*Sinognathus gracilis*）中，次生腭未伸达齿列后端，只达第四、五犬齿后齿处（孙艾玲，1988）。而在三列齿兽万县似卞氏兽（*Bienotheroides wanhsienensis*）（孙艾玲，1984）和长吻滇中兽（*Dianzhongia longirostrata*）（Luo et Wu, 1994）中，腭骨都组成次生腭的后边缘（图 7）。

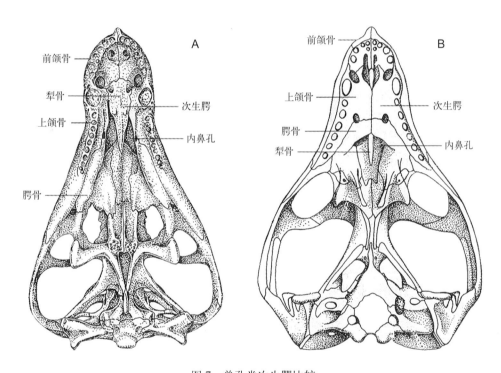

图 7 兽孔类次生腭比较

A. 兽头类帕氏兽（*Regisaurus*）头骨腭面视（引自 Mendrez, 1972），B. 犬齿兽类 *Thrinaxodon* 头骨腭面视（引自 Parrington, 1946）

（4）颌关节的演化。爬行动物的颌关节由方骨和关节骨组成，而哺乳动物的颌关节由鳞骨和齿骨组成。绝大部分"兽孔类"具爬行动物型的颌关节，只是头骨上的方骨和下颌齿骨后的各骨块有逐渐缩小的趋势，而齿骨逐渐向后扩展加大。一些进步的犬齿兽类，处于这一演化的中间环节，呈现了复杂的颌关节结构。如在南美阿根廷中三叠世的 *Probainognathus* 和中国中三叠世的中国颌兽（*Sinognathus*）中，在原始的方骨 - 关节骨连接的外侧形成了鳞骨 - 上隅骨连接；而在南非晚三叠世的双节颌兽（*Diarthrognathus*）中，可能有鳞骨 - 齿骨关节与方骨 - 关节骨关节并存的双关节（double joint）（图 8）。

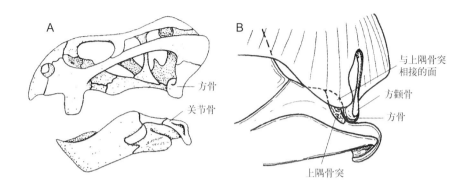

图 8　兽孔类颌关节比较

A. 二齿兽类双刺齿兽（*Diictodon*）头骨和下颌左侧视（引自 Cluver et Hotton, 1981），B. 犬齿兽类 *Trirachodon* 颌关节区侧视（引自 Kemp, 1982）

（5）中耳的形成和演化。一个多世纪以前的胚胎研究证明：哺乳动物中耳的锤骨（malleus）和砧骨（incus）与其祖先动物颌关节中的关节骨（articular）和方骨（quadrate）是同源的。近年的研究表明，封闭的中耳在现生两栖类和羊膜类中是独立发生的，而且可能在羊膜类中至少有三次趋同发生。哺乳动物型中耳最早的迹象见于进步的"盘龙类"——楔齿龙类中。这类动物出现了隔骨反折翼的雏形（reflected lamina of angular）。人们相信至少在进步的下孔类中，反折翼支撑鼓膜（tympanum）。声波引起鼓膜的振动，经关节骨和方骨传导至镫骨。这样一套装置就具有两种不同的功能——颌关节的功能和声音传导的功能。持此观点的研究者认为这些动物是外温动物，它们不需要大量的食物，亦不需要进行复杂的咀嚼。除此之外，在原始的四足类和许多早期的羊膜类中，镫骨在膜质头骨和脑颅之间起着支撑作用。同时镫骨还原始地保持与方骨的接触。在"兽孔类"中，镫骨缩小，失去了它的支撑作用，方骨 - 镫骨的接触类似于哺乳动物中砧骨 - 镫骨的接触，这也暗示出它们在起着颌关节作用的同时具有听觉功能（图 9）。

（6）齿骨加大与齿骨冠状突的后背方延伸。在下颌中，齿骨是一最大的骨块，它占据下颌外表面的大部分。在"兽孔类"中显示了一个齿骨逐渐加大，其他骨块缩小的过程。到哺乳动物阶段，下颌仅由齿骨组成，其他成分已从下颌消失。自最进步的"盘龙类"——楔齿龙类开始，齿骨后部升高形成冠状突。比阿莫鳄类、恐头兽类和异齿兽类的成员都具相对较低的冠状突，虽然它的位置高于下颌齿列的高度。兽头类齿骨明显加大，后端形成高的冠状突，这是和颞孔加大在功能上紧密相关的。宽的冠状突的外表面平坦。犬齿兽类以一个更大的齿骨为特征，它带有宽的高于后面骨块的冠状突。与兽头类不同，冠状突的外侧面有一凹，供下颌收肌附着（图 10）。

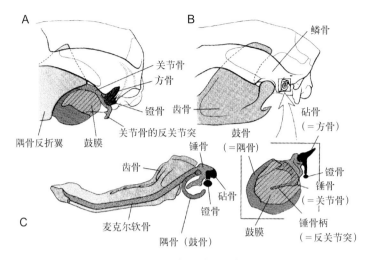

图 9　下孔类中耳结构示意图

A. 犬齿兽类 Thrinaxodon，B. 弗吉尼亚负鼠 Didelphis，C. 哺乳动物胚胎（引自 Pough et al., 2009）

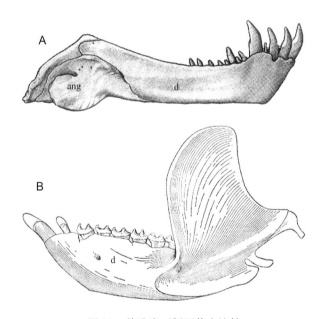

图 10　兽孔类下颌冠状突比较

A. 恐头兽类巨猎兽（Titanophoneus）右下颌支外侧视（依据 Orlov, 1958），B. 犬齿兽类似卞氏兽（Binotheroides）左下颌支外侧视（引自孙艾玲，1984）

（7）齿列分化。"兽孔类"总体上显示了向齿列分化和牙齿结构复杂的方向发展，但不同的类群间存在着极大的差别。事实上，在进步的"盘龙类"——楔齿龙类中齿列已开始分化。上颌和下颌上都有加大的犬齿，它们明显大于相邻的牙齿。"兽孔类"的原始成员——恐头兽类的齿列极具特色。它有伸长的门齿，齿冠舌面的基部具齿踵结构（tooth heel）。当颌关闭时，上、下门齿交叉，明显具有获取食物的功能。肉食性的恐头兽类具大的犬齿,犬齿后齿数量及大小都大大缩减。而植食性的恐头兽类没有明显的犬齿,它们其余的牙齿像门齿一样具齿踵结构,上下齿交错咬合发生在整个齿列(图 11)。

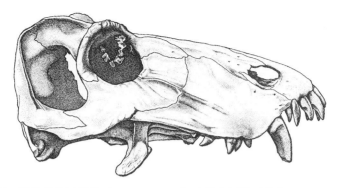

图 11　恐头兽类巨猎兽(*Titanophoneus*)头骨左侧视(引自 Orlov, 1958)

异齿兽类的齿列具有另外的特色,它们朝着牙齿数目缩减的方向发展。原始的异齿兽类(如 *Otsheria*)具几个小的门齿和上颌骨齿,但无明显的犬齿。原始的二齿兽类(如 *Eodicynodon*),门齿消失,大的上颌犬齿形成,仅保留一个小的犬齿后齿和几个小而稀疏的下颌齿。绝大部分晚二叠世—晚三叠世的二齿兽类中,除了一对大的上颌犬齿外其余的牙齿全部消失了。在上下颌的表面着生一角质层,起切碎食物的功能(图 12)。

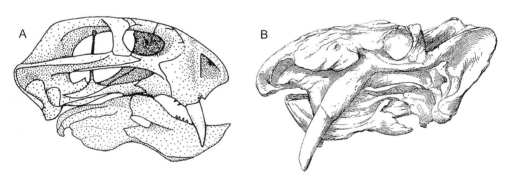

图 12　异齿兽类齿列比较

A. 二齿兽类始二齿兽(*Eodicynodon*)头骨和下颌右侧视(引自 Rubidge, 1990),B. 二齿兽类副肯氏兽(*Parakannemeyeria*)头骨和下颌左侧视(引自孙艾玲, 1963)

兽头类的齿列包括数枚门齿(可高达 7 个)和发育的犬齿。其中一些类型在犬齿之前的上颌骨腹缘有数枚犬齿前齿。犬齿后齿多样性地存在:在较大的类型中犬齿后齿趋于减少,而在较小的类型中犬齿后齿无减少的现象发生。一些高度特化的类型拥有复杂多尖的犬齿后齿。以中国的几属兽头类为例:李氏乌鲁木齐兽(*Urumchia lii*)具 5/10 枚较小的犬齿后齿,牙齿侧扁,排列稀疏,齿尖后弯。凹进哈镇兽(*Hazhenia concava*)、有 8/8 枚犬齿后齿,齿冠上有一主尖,主尖的内外两侧各有一圈由若干小瘤组成的齿脊,把主尖围在中央。杨氏河套兽（*Ordosiodon youngi*）犬齿后齿8枚，自前向后增大，前面4枚圆锥形，后面的牙齿齿冠横宽，高耸的主尖位于前外方，周围被一圈低的瘤脊所环绕。王屋似横齿兽（*Traversodontoides wangwuensis*）有9/11个犬齿后齿。前面的牙齿细小，圆锥形；后面的牙齿横宽，有两个左右并列的齿尖，周围被齿脊环绕（图13）。

犬齿兽类的犬齿后齿更进一步复杂化（图14）。在原始的类型 *Procynosuchus* 中，前

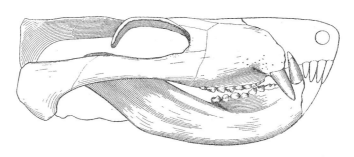

图13　兽头类似横齿兽（*Traversodontoides*）头骨和下颌右侧视（引自孙艾玲，1981）

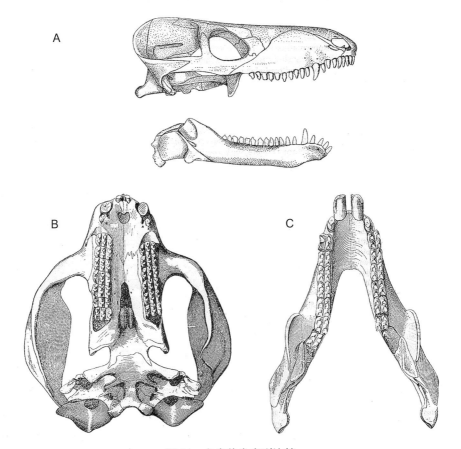

图14　犬齿兽类齿列比较

A. 原犬齿鳄（*Procynosuchus*）头骨和下颌右侧视（引自 Kemp, 1979），B, C. 似卞氏兽（*Binotheroides*）头骨腭面视（B）和下颌顶面视（C）（引自孙艾玲，1984）

部的犬齿后齿具简单的稍弯曲向后尖锐的齿冠；后部的牙齿，在单一的主尖内侧有由5个小尖环围的内齿带（the internal cingulum）。中国的犬齿兽类均为进步类型，除具有横宽犬齿后齿的中国颌兽（Sinognathus）和北山兽（Beishanodon）外，其余各属都被归入三列齿兽科（Tritylodontidae）。三列齿兽类具有非常奇特的齿列。在1-3对门齿之后有一宽的齿隙，每侧大约有7枚颊齿。颊齿大致为方形，上颊齿上有三列纵向排列的齿尖，下颌齿齿尖两列。当颌关闭时，下颌的两列齿尖准确咬合在上颊齿三列齿尖之间的齿沟中。这清楚地表明动物在进食时，下颌可以做前后向的运动，使食物在齿尖间磨碎。

"兽孔类"的头后骨骼特征包括：脊椎双凹到双平型；典型的大约具26节荐前椎，以及6-7节颈椎和3节荐椎。间椎体通常消失，但是一些小的间椎体可能存在于颈部。通常腰部的肋骨短而与脊椎愈合。一个纤细的匙骨经常存在。锁骨几乎没有扩展，间锁骨短而宽。肩胛骨上常常发育肩峰突（acromion）。肩臼通常失去原始的螺旋状（screw-shape），变成肩胛骨和乌喙骨之间的宽卵圆形的凹缺，而前乌喙骨几乎或完全没有参与肩臼的形成。肩臼上突（supraglenoid buttress）缺失。乌喙骨大。一个骨化的胸骨通常存在。在进步的类型中髂骨前-后向扩展，耻骨短。进步类型四肢的近端肢节，或多或少像哺乳动物那样平行于身体。肱骨具椭圆形的关节头，内髁孔总是存在，外髁孔常常存在。肱骨不如盘龙类的扭曲；三角胸肌脊（deltopectoral crest）长；肱骨上髁（epicondyles）不如盘龙类的发育。股骨关节头斜向内侧；骨干平；没有远端腹面的脊或第四转子；一个相当于哺乳动物大转子（greater trochanter）的结构开始出现在股骨的侧边缘；内转子缩小，位于腹面的内侧。腕部有单一的中央腕骨（centrale）；第五远端腕骨和第五远端跗骨消失。指（趾）式缩减为2-3-3-3-3；但额外残存的指（趾）节可能存在于第III和第IV指（趾）。腹肋很少发现。

下述一些头后骨骼特征则更清楚地显示了"兽孔类"向哺乳动物方向的演化：

（1）四肢的位置。位于身体之下的肢使动物有更加直立的姿势，是高水平运动的反映。当动物增加灵巧性和加速度能力时，这样的姿势可以解决奔跑和呼吸之间的矛盾。"盘龙类"具典型原始羊膜类的匍匐状的肢（sprawling limb），四肢位于身体的外侧。而所有的"兽孔类"均表现了不同程度的向直立姿势的进步。"兽孔类"肩带结构的改变允许前肢有更大的前-后向运动。而髂骨板（iliac blade）的扩展和股骨大转子的发育，都被认为是向典型哺乳动物转变的证明。膝盖和肘关节的证据表明"兽孔类"可以有双重的运动姿势——缓慢的匍匐状运动和更加直立姿势的快速运动。

（2）肢带的形状。原始羊膜类肢带的腹面部分（肩带中的乌喙骨和前乌喙骨、腰带中的耻骨和坐骨）大，这反映它具匍匐运动的姿势。当动物具有更加直立的姿势，更多的重量通过肢来支撑，肢带的腹面部分则缩小。"兽孔类"比"盘龙类"有更加轻巧的肢带，其背部组成（肩带中的肩胛骨和腰带中的髂骨）扩展，腹面组成缩小。与髂骨板的扩展相关联，"兽孔类"的荐椎从"盘龙类"的2-3节增加到4节或者更多。

（3）脊柱的形成。腰肋的缺失暗示一个肌隔（muscular diaphragm）的存在，同时表明动物具有较高的呼吸速率。腰肋存在于"盘龙类"和大部分"兽孔类"中，而在"犬齿兽类"中腰肋缩小或缺失，在哺乳动物中完全缺失。大部分"兽孔类"与现生的哺乳动物一样颈椎的数量为7。

（4）尾的长度。一个长而沉重的尾是原始羊膜类的特征，它表明运动由中轴的摆动产生。"盘龙类"原始地具有长而沉重的尾部。在"兽孔类"和哺乳动物中，一个短些的尾部表明它们具有更加直立的姿势，运动中肢的前 - 后向推动比中轴的摆动更为重要。

（5）足的形状。长的指（趾）表明足是用来紧扣住地面，动物具典型的匍匐运动特征。在更加直立的姿势下，短的趾可起到杠杆的作用。"盘龙类"有长的前指和后趾。所有的"兽孔类"和哺乳动物一样有较短的足；进步的"犬齿兽类"和哺乳动物一样，前、后足的指（趾）式为2-3-3-3-3。在"犬齿兽类"和哺乳动物中有明显的跟踵结构（calcneal heel），它为腓肠肌（gastrocnemius muscle）提供一个杠杆臂，使之产生更大的推力。

五、中国"兽孔类"化石的分布

"兽孔类"生活于中二叠世至晚侏罗世，在地史上大约延续了1.2亿年。在其生活的早期——自中二叠世至中三叠世——它们是地球上个体数量和种类最多的四足动物，既有食物链上初级的植食者，也有强悍的肉食掠夺者，它们在地球所有的大陆上都留下了清晰的足迹。南非、俄罗斯和中国是"兽孔类"化石最丰富的地区，不仅产出最早的"兽孔类"，而且都有相对完整的含"兽孔类"的生物地层和化石组合带。

中国甘肃玉门的青头山组（西大沟组）产最原始的"兽孔类"珍稀兽（*Raranimus*）（Liu et al., 2009）、恐头兽类（程政武、姬书安，1996；程政武、李锦玲，1997）和原始的异齿兽类（anomodonts）（李锦玲、程政武，1997a；Liu et al., 2010）。与之共生的动物还有两栖类（李锦玲、程政武，1999）、大鼻龙类（Reisz et al., 2011）和波罗蜥类（李锦玲、程政武，1995）。这一地点与南非卡鲁盆地波福特系的始二齿兽组合带（*Eodicynodon* Assemblage Zone of Beaufort Series in Karroo Basin）和俄罗斯前乌拉尔地区的卡赞阶（Kazanian in *cis*-Uralian region）的Ezhovo/Ocher动物群的层位相当，同属中二叠统沃德阶（Wordian stage）（Rubidge, 2005）。河南济源上二叠统上石盒子组产单个的犬齿兽类牙齿（杨钟健，1979），与其共生的还有锯齿龙类和两栖类，它是目前中国发现的晚二叠世早期唯一的"兽孔类"产地。与南非二齿兽组合带（*Dicynodon* Assemblage Zone）层位相当的中国晚二叠世晚期含"兽孔类"的化石点相对丰富。新疆的准噶尔盆地和吐鲁番盆地的锅底坑组、甘肃肃南县的肃南组和内蒙古包头大青山的脑包沟组产出多个二齿兽类的种（Yuan et Young, 1934a；孙艾玲，1973a, b, 1978a；朱扬珑，1989；李佩贤等，2000）。包头脑包沟组还有兽头类、大鼻龙类的化石报道（朱扬珑，1989；李锦玲、程政武，1997b）。

中国三叠纪的"兽孔类"化石门类相对较多，分布也较为分散。与南非水龙兽组合带（*Lystrosaurus* Assemblage Zone）层位相当，早三叠世早期韭菜园组的化石点集中于天山南北两侧的准噶尔盆地和吐鲁番盆地，产出多个水龙兽的种（Yuan et Young, 1934b；Young, 1935, 1939；孙艾玲，1964, 1973b；程政武，1986）和兽头类（杨钟健，1953）。与之共生的还有无孔类的前棱蜥类（Koh, 1940）和主龙形类（Archosauriformes）的加斯马吐龙（Young, 1936；杨钟健，1973）。与南非水龙兽组合带上部层位相当，早三叠世晚期华北地区的和尚沟组和二马营组底部层位的化石点分布于内蒙古准格尔旗、陕西府谷，产出兽孔类（孙艾玲、侯连海，1981），与之共生的有前棱蜥类（Li, 1983；李锦玲，1989）和主龙形类（程政武，1980；吴肖春，1981）。与南非犬颌兽组合带（*Cynognathus* Assemblage Zone）层位相当，中三叠世克拉玛依组（新疆）和二马营组中上部（华北）的化石点分布于新疆的阜康和吐鲁番，山西的武乡、榆社、离石、兴县，陕西的府谷、神木、吴堡和内蒙古的准格尔旗，产出肯氏兽类（孙艾玲，1963, 1978b；程政武，1980）、兽头类（杨钟健，1961, 1974b；侯连海，1979；李雨和，1984）、犬齿兽类（杨钟健，1959），与之共生的有前棱蜥类（Young, 1957）和主龙形类（杨钟健，1964）。

在中国的侏罗纪地层中，"兽孔类"化石分布于云南禄丰下侏罗统的下禄丰组、四川自贡中侏罗统的下沙溪庙组、重庆万县上侏罗统的上沙溪庙组和新疆将军庙中侏罗统的五彩湾组。仅有"犬齿兽类"的一支——三列齿兽的多个属种被发现（Young, 1940, 1947；周明镇、胡承志，1959；崔贵海，1976, 1981；杨钟健，1982；孙艾玲，1986；何信禄、蔡开基，1984）。中国"兽孔类"化石分布图见书后附图。

六、中国"兽孔类"的研究历史

中国"兽孔类"的研究可分为三个阶段。

第一阶段——1928 年至 1949 年。

中国地质古生物学的先驱袁复礼先生和杨钟健先生为"兽孔类"的研究做了开创性的工作，为其后的发展打下坚实的基础。1927 年袁复礼教授参加了中 - 瑞中国西北科学考察团（Sino-Swedish Scientific Expedition to the Northwestern Provinces of China），这是中国人参与的对中国西北地区进行的第一次大规模科学考察，也是中国科学工作者第一次在中外合作中获得平等权力的考察。1928 年 8 月袁复礼先生在新疆准噶尔盆地的南沿、天山北麓的大龙口附近发现了一批二叠纪—三叠纪的化石材料。这是二叠纪—三叠纪脊椎动物化石在中国的第一次报道，当考察团中方和外方团长发布这一重大发现后，引起了全球学术界和社会的广泛关注。在随后的 1929 和 1930 年野外工作期间，袁复礼先生在新疆的阜康、南泉和南沙沟一带及大龙口又发现了丰富的化石。这批化石不仅数量很多，而且门类齐全。它以大量的"兽孔类"材料为主，还包括无孔类的前棱蜥和双孔类的加斯马吐龙等。1934年，袁复礼和杨钟健联名撰写了"新疆二齿兽之发现"（Yuan et Young, 1934a）和"新疆水龙兽之发现"（Yuan et Young, 1934b）两篇论文，刊载于同一期的《中国地质学会会志》上，记述了新疆二齿兽（*Dicynodon sinkianensis*）和穆氏水龙兽（*Lystrosaurus murrayi*）。二齿兽和水龙兽在中国的发现具有极为重要的古地理意义。它支持"关于大陆间相互关系的设想"，同时使它的早期研究者推测：中亚腹地在早三叠世时是兽孔类进化和迁徙的中心。其后，杨钟健先生几乎独自担当起这批化石的研究工作。1935–1939年，他又记述了水龙兽的另外3个种（*L. broomi*，*L. hedini*，*L. weidenreichi*）和主龙形类的加斯马吐龙。

自20世纪30年代对新疆化石的研究始，直至1979年辞世，杨钟健先生对二叠纪—三叠纪脊椎动物化石的研究一直贯穿了他的整个研究生涯。1936年杨钟健先生在野外工作期间，首次在山西的武乡、榆社地区发现了三叠纪的"兽孔类"化石。1937年，他根据采自武乡石壁的一不完整的骨架命名了皮氏中国肯氏兽（*Sinokannemeyeria pearsoni*）。这一动物与南非的代表属——肯氏兽（*Kannemeyeria*）有密切的亲缘关系。杨先生在文章的结论部分指出："（山西）动物群与南非的密切关系是非常有趣的，不仅因为我们把新疆的兽孔类向东扩展了，而且因为它产生了许多古地理和古脊椎动物学的有意思的问题"。杨钟健先生1940年简要报道了当时认为是晚三叠世（后确认为早侏罗世）云南禄丰蜥龙动物群中的似哺乳爬行动物。1947年发表了对这批重要材料的详细研究，记述了卞氏兽（*Bienotherium*）的3个种和昆明兽（*Kunminia*）。这是"犬齿兽类"化石在中国的首次发现。

第二阶段——1950年至1979年。

为了将中国二叠纪—三叠纪脊椎动物化石研究更深入地进行下去，1955–1959年中国科学院古脊椎动物与古人类研究所派出了野外工作队，在山西进行科学考察和化石发掘，取得了极大的成功。在武乡、榆社和宁武等地，发现了几十个化石点和丰富的"兽孔类"和主龙形类的化石材料。孙艾玲先生作为刚起步的科学工作者积极地投身到野外和研究工作中，历经数年的辛勤耕耘，于1963年出版了长篇专著《中国的肯氏兽类》。书中详细地记述了2属5种肯氏兽类，它们是：中国肯氏兽的皮氏种（*Sinokannemeyeria pearsoni*）和银郊种（*Sinokannemeyeria yingchiaoensis*），副肯氏兽的长头种（*Parakannemeyeria dolichocephala*）、杨氏种（*Parakannemeyeria youngi*）和宁武种（*Parakannemeyeria ningwuensis*）。作者在研究其骨骼形态和与其他地区发现的属类进行对比的基础上，得出中国的这两属肯氏兽与南非的*Kannemeyeria*系统关系最为接近，与南美的*Stahlecheria*关系次之，与北美的*Placerias*关系最远的结论。根据肯氏兽类系统关系的探索和中国肯氏兽动物群成分的分析，孙艾玲先生提出，含该动物群的二马营统的时代应为早三叠世晚期到中三叠世早期。这一观点为后来的材料所证实，一直沿用至今。在这一阶段，杨钟健先生在对爬行动物多个门类进行研究的同时，仍然投身"兽孔类"的研究，记述了中国第一个兽头类材料（1953 年）——李氏乌鲁木齐兽（*Urumchia lii*）和第一个犬齿兽类（1959 年）——完美中国颌兽（*Sinognathus gracilis*）。叶祥奎先生（1959）记述了二齿兽类山西兽（*Shansiodon*）的两个种。

20 世纪 60 年代，中国科学院古脊椎动物与古人类研究所组织了规模宏大、多学科综合的新疆古生物科学考察。科考队员们的足迹踏遍了准噶尔盆地和吐鲁番盆地的千山万壑、戈壁大漠，发现并采集了古生代和中生代丰富的脊椎动物化石。有关此次科考的成果都发表在研究所的甲种专刊第十、第十一和第十三号上。孙艾玲先生在其中的数篇文章中，记述了天山两侧的二齿兽类化石。特别是她 1973 年在《中国科学》上发表的"新疆的二叠纪三叠纪爬行动物化石"一文中，提出"新疆二叠纪三叠纪脊椎动物群具有冈瓦纳性质"，而引起学术界的极大关注，为世界许多国家的报纸杂志所转载。

第三阶段——1980 年至今。

20 世纪 70 年代中期，一批初学者参加到二叠纪—三叠纪四足动物化石的研究行列中。此时，距第一个"兽孔类"化石在新疆的发现已将近 50 年了。在先行者的指引和帮扶下，他们在新疆、甘肃、内蒙古、陕西和山西的广大地区开展化石的搜寻和发掘。辛勤的耕耘取得了丰硕的成果。时至今日在下列三方面较前人的工作有所突破：

（1）将二叠纪—三叠纪四足动物化石的产出地点扩展到中国北方更大的范围内。它们不仅发现于新疆的天山两侧和山西北部宁武、保德和东南部武乡、榆社一带，而且产出于内蒙古的准格尔旗和包头，甘肃的玉门和肃南，陕西的府谷、神木和吴堡，以及山西的兴县和离石等地。

（2）大大丰富了二叠纪—三叠纪"兽孔类"的成员。在所发现的化石中广义的二齿兽类从个体数量上仍占很大比例，但也有更多的其他"兽孔类"被报道。在"兽孔类"的研究中，1979 年侯连海记述了产自内蒙古准格尔旗二马营组底部的兽头类的一新属——鄂尔多斯兽（*Ordosia*）。1980 年中国地质科学院地质研究所的程政武记述了产自陕西府谷二马营组底部的一个新属——陕北肯氏兽（*Shanbeikannemeyeria*）。与二马营组上部较为特化的中国肯氏兽和副肯氏兽比较起来，陕北肯氏兽与南非的肯氏兽属（*Kannemeyeria*）形态结构更为相似，亲缘关系也更为密切。1984 年李雨和记述了同样产自内蒙古准格尔旗二马营组底部的兽头类——伊克昭兽（*Yikezhaogia*）。1989 年朱扬珑记述了内蒙古包头上二叠统脑包沟组的大青山兽（*Daqingshanodon*）。这是中国晚二叠世的二齿兽类化石在新疆之外的首次发现，具有非常重要的古地理意义。除此之外最值得一提的是甘肃玉门大山口化石点的发现和研究。这一中二叠统的化石点产出原始恐头兽类中华猎兽（*Sinophoneus*）（程政武、姬书安，1996）、原始的异齿兽类双列齿兽（*Biseridens*）（李锦玲、程政武，1997a）和最原始的"兽孔类"珍稀兽（*Raranimus*）（Liu et al., 2009）。

（3）完善了中国北方中二叠世—中三叠世的低等四足类组合带。在 20 世纪 70–90 年代，化石的发现不仅扩大了它们的地理分布区域，同时也填补了地史分布的空白。成果主要体现在二马营组底部层位、和尚沟组和青头山组（原西大沟组）化石组合的发现。华北的二马营组上部含中国肯氏兽动物群，这一层位的化石种类十分丰富。二马营组底部和和尚沟组含化石层位的报道始于1980年，研究表明，它们在高级分类单元的组成上与中国肯氏兽动物群相似。同样含数量较多的肯氏兽类个体，含前棱蜥类、兽头类和主龙形类的代表，但具体的属种均有所不同。20世纪90年代，中国科学院古脊椎动物与古人类研究所、中国地质科学院地质研究所和中国地质博物馆的古生物工作者通力合作，在甘肃玉门大山口化石点开展工作，采集到丰富的低等四足类的化石。化石产在中二叠统青头山组，它是中国二叠纪低等四足类的最低层位。分析表明这一动物组合是以原始的兽孔类为主体，与俄罗斯II带的性质相似，而较南非的始二齿兽带原始。它很可能是低等四足类在二叠纪时期从北美、欧洲向南方扩散的关键中间环节。

系 统 记 述

兽孔目 Order THERAPSIDA Broom, 1905

概述 兽孔目是 Broom（1905）建立的，包括了恐头兽亚目（Dinocephalia）、异齿兽亚目（Anomodontia）、兽头亚目（Therocephalia）以及犬齿兽亚目（Cynodontia）四个类群。Gregory（1910）将其归入爬行纲（Reptilia），而 Olson 等（Olson et Beerbower, 1953; Olson, 1962）将其归入爬行纲的下孔亚纲，与盘龙目并列。这一种观点一直沿用到支序系统广泛运用之前，例如 Carroll（1988）还采纳这种分类。在 Benton（2005）的分类系统中，下孔类作为一个纲，兽孔类依然是目。

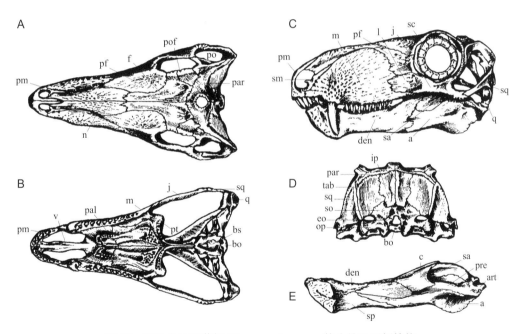

图 15　兽孔类比阿莫鳄 *Biarmosuchus tener* 的头骨及下颌结构

A. 头骨顶面视，B. 头骨腹面视，C. 头骨和下颌左侧视，D. 头骨枕面视，E. 右下颌支内侧视（引自 Ivakhnenko, 1999）

简字说明：a. 隅骨（angular），art. 关节骨（articular），bo. 基枕骨（basioccipital），bs. 基蝶骨（basisphenoid），c. 冠状骨（coronoid），den. 齿骨（dentary），eo. 外枕骨（exoccipital），f. 额骨（frontal），ip. 间顶骨（interparital），j. 轭骨（jugal），l. 泪骨（lacrimal），m. 上颌骨（maxilla），n. 鼻骨（nasal），op. 后耳骨（opisthotic），pal. 腭骨（palatine），par. 顶骨（parietal），pf. 前额骨（prefrontal），pm. 前颌骨（premaxilla），po. 眶后骨（postorbital），pof. 后额骨（postfrontal），pre. 前关节骨（prearticular），pt. 翼骨（pterygoid），q. 方骨（quadrate），sa. 上隅骨（surangular），sc. 巩膜骨片（sclerotic ossicles），sm. 隔颌骨（septomaxilla），so. 上枕骨（supraoccipital），sp. 夹板骨（splenial），sq. 鳞骨（squamosal），tab. 棒骨（tabular），v. 犁骨（vomer）

定义与分类　目前仍然没有一个较好的定义。本类群主要包括比阿莫鳄亚目（Biarmosuchia）、恐头兽亚目（Dinocephalia）、异齿兽亚目（Anomodontia）、凶脸兽亚目（Gorgonopsia）、兽头亚目（Therocephalia）、犬齿兽亚目（Cynodontia）六大类群以及一些基干类群。

形态特征　上颌骨扩大，与前额骨接触，阻断泪骨与鼻骨的连接；侧颞孔大，上颞骨消失；鳞骨后背面具沟，即外耳道；隔骨具反折翼；齿系分化为门齿、犬齿以及颊齿；上犬齿很大。俄罗斯的 *Biarmosuchus* 是本类基干类群形态的较好代表（图15）。

分布与时代　全球，二叠纪至今；非哺乳动物的兽孔类，二叠纪至侏罗纪。

我国目前缺乏比阿莫鳄亚目以及凶脸兽亚目的化石记录。

珍稀兽属 Genus *Raranimus* Liu, Rubidge et Li, 2009

模式种　*Raranimus dashankouensis* Liu, Rubidge et Li, 2009

鉴别特征　一类原始的兽孔类，其内鼻孔短，后边缘止于第一对犬齿；隔颌骨具长的面突；前颌骨上有6个门齿，上颌骨有一个犬齿前齿，两个犬齿，犬齿唇舌向侧扁。

中国已知种　*Raranimus dashankouensis* Liu, Rubidge et Li, 2009。

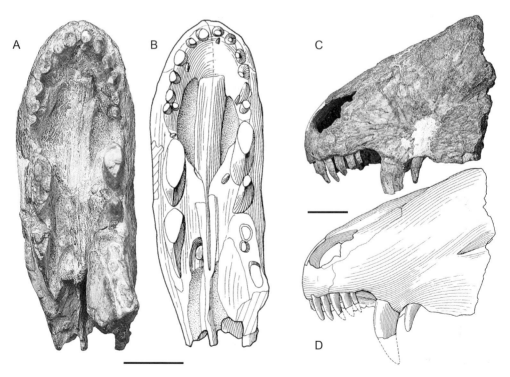

图16　大山口珍稀兽 *Raranimus dashankouensis*
正模（IVPP V 15424）：A, B. 腹面视，C, D. 左侧面视。比例尺 = 2 cm（引自 Liu et al., 2009）

分布与时代　甘肃玉门，中二叠世。

评注　本属被认为是最原始的兽孔类，它填补了下孔类演化的重要形态以及时间空白。不过由于已知材料太残缺，很多重要特征无法知晓，有待进一步的发现来提高我们对兽孔类起源的认识。Laurin 和 Reisz（1990）提出 *Tetraceratops* 是最原始的兽孔类，这一结果并未得到大多数学者认同，在 Liu 等（2009）的研究中也认为 *Tetraceratops* 是"盘龙类"。不过 Laurin 等（Amson et Laurin, 2011）仍然坚持 *Tetraceratops* 是最原始的兽孔类。

大山口珍稀兽 *Raranimus dashankouensis* Liu, Rubidge et Li, 2009
（图 16）

正模　IVPP V 15424，头骨吻部。甘肃玉门大山口。
鉴别特征　同属。
产地与层位　甘肃玉门大山口，中二叠统青头山组（原西大沟组）。

恐头兽亚目 Suborder DINOCEPHALIA Seeley, 1894

概述　恐头兽这一名称是 Seeley 于 1894 年创立的，当时包括了 *Delphinognathus* 和 *Tapinocephalus* 两属。Broom（1910）将俄罗斯的 *Deuterosaurus* 和 *Rhopalodon* 归入此类，他 1923 年将恐头兽目分为貘头兽亚目（Tapinocephalia）和巨鳄兽亚目（Titanosuchia）。Romer（1961）讨论下孔类齿系进化时提出 brithopodine 齿系比较原始，从中发展出巨鳄兽类（titanosuchians），而植食性的恐头兽类则是从巨鳄兽类中演化出的。Boonstra 在十数年中（1952–1969）详细研究了貘头兽带的化石，包括它们的头骨、脑颅、齿系、头后骨骼；建立了一些新属种，归并了以前的一些属种。

定义与分类　相对 *Dicynodon lacerticeps* Owen, 1845, *Ictidorhinus martinsi* Broom, 1913, *Gorgonops torvus* Owen, 1876, 或 *Scylacosaurus sclateri* Broom, 1903, 与 *Tapinocephalus atherstonei* Owen, 1876 亲缘关系更近的所有类群。

Boonstra（1972）将恐头兽类定为目，分为 Brithopia 和 Titanosuchia 两个亚目；Brithopia 又分为 Brithopodidae 和 Anteosauridae 两科，Titanosuchia 则包括 Titanosuchidae、Tapinocephalidae、Styracocephalidae 和 Estemmenosuchidae 四科。King（1988）将恐头兽次亚目分为 Estemmenosuchoidea 和 Anteosauroidea 两个超科，Anteosauroidea又分为 Brithopidae 和 Titanosuchidae 两科。Ivakhnenko（2000）则认为 *Estemmenosuchus* 可能独立于恐头兽类。我们的系统发育分析结论与Boonstra（1972）的分类一致（Liu et al., 2009）。

形态特征　中到大型的兽孔类，最大的植食或者杂食类型体长 4.5 m，体重可达 2 t。头部骨骼有加厚趋势，在许多类群中异常厚肿，有些种类具有角状结构；下颌关节前移，下颌缩短。颞孔扩大，颞肌附着处向上向前扩展至顶骨和眶后骨的背面。门齿齿冠舌面基部具齿踵结构，上下门齿相互交叉。

分布与时代　中国、俄罗斯、南非、巴西，中晚二叠世。

前卫龙科 Family Anteosauridae Boonstra, 1954

定义与分类　比较原始的恐头兽类，包括了所有相对于 *Tapinocephalus atherstonei* Owen, 1876 与 *Anteosaurus magnificus* Watson, 1921 关系更近的类群。主要包括 Syodontinae 以及 Anteosaurinae 两个亚科（Kammerer, 2011）。

鉴别特征　前颌骨齿缘斜向上扬；上颌骨腹缘下凸；犁骨边缘凸起、延长；眶后棒向前腹向弯曲，两侧的翼骨方骨支紧贴，使基蝶骨前缘分叉。

中国已知属　*Sinophoneus* Cheng et Ji, 1996。

分布与时代　中国、俄罗斯、南非，中晚二叠世。

中华猎兽属 Genus *Sinophoneus* Cheng et Ji, 1996

模式种　*Sinophoneus yumenensis* Cheng et Ji, 1996

鉴别特征　头骨大，后部较宽。眶孔大小中等，呈纵向稍长的卵圆形，开孔前侧方。眶缘背部略加厚。两侧前额骨明显增厚构成显著的且分隔头骨顶面与侧面的棱，左右两棱几乎平行延伸。前额骨至顶孔间头骨顶面中间低凹而两侧稍高，沿中线有明显的中脊。顶孔相对不大，位于一圆形隆起上。颧弓后侧很高。内鼻孔深、长，其前端位于两侧犬齿中心连线上。翼骨大，其腭骨支与腭骨后部共同形成较显著的腹脊；翼骨横突极粗壮，其内端窄而外端非常宽厚；翼骨方骨支细长。翼骨横突和腭骨具齿；边缘齿式为 I5/4 C1/1 Pc6 − 8/6。门齿长，强烈前伸，且上下交叉，具明显的舌面齿踵结构。前三对门齿较大，第五对小。犬齿巨大，横断面圆形。

中国已知种　仅模式种。

分布与时代　甘肃玉门，中二叠世。

玉门中华猎兽 *Sinophoneus yumenensis* Cheng et Ji, 1996

（图 17）

Stenocybus acidentatus：程政武、李锦玲，1997，35 页

正模　GMC (GM) V 1601，一近于完整的头骨。甘肃玉门大山口。

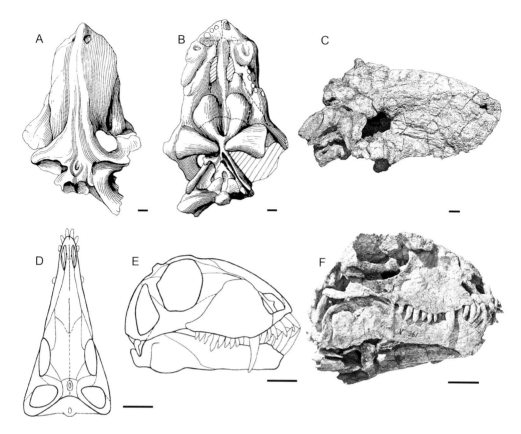

图 17　玉门中华猎兽 *Sinophoneus yumenensis*

正模（GMC V 1601）：A. 头骨顶面视，B. 头骨腭面视，C. 头骨右侧视（线条图引自程政武等，1996）；归入
标本（IGCAGS V 361）：D. 头骨顶面复原图，E. 头骨和下颌右侧面复原图，F. 头骨和下颌右侧视（线条
图引自程政武、李锦玲，1997）。比例尺 =2 cm

　　归入标本　IGCAGS V 361，一后部稍有破损的头骨和完整的下颌；IVPP V 12008，
一带有完整齿列的左前颌骨、左上颌骨和左齿骨（程政武、李锦玲，1997）。

　　鉴别特征　同属。

　　产地与层位　甘肃玉门大山口，中二叠统青头山组。

　　评注　Ivakhnenko（1999）提出眼眶大小、吻部长短、犬齿是否强壮等特征是个体差异，
程政武和李锦玲（1997）订立的利齿狭头兽（*Stenocybus acidentatus*）很可能是玉门中华
猎兽的后出同物异名。Kammerer（2011）正式将二者归并，最近的详细研究表明两个类
元的差异来源于个体发育而不是属种间差异（Liu, 2013）。

异齿兽亚目　Suborder ANOMODONTIA Owen, 1859

　　概述　Owen 1859年创建异齿兽亚目，特征是除了犬齿状齿或者上颌骨齿突外，没
有牙齿，有顶孔、两个鼻孔以及固定的鼓蒂（tympanic pedicle）。最初包括了三个科：

Dicynodontia [包括*Dicynodon* 和*Ptychognathus*（＝*Lystrosaurus*水龙兽）]、Cryptodontia（包括*Oudenodon*）以及Gnathodontia（包括*Rhynchosaurus*）。他1861年将Gnathodontia从异齿兽亚目中排除，却又加入犬齿兽类；1876年他又将犬齿兽类排除出异齿兽亚目，使这个类群局限于二齿兽类（Dicynodontia/Bidentalia、Cryptodontia和Endothiodontia）。虽然在19世纪末20世纪初许多研究者（例如Seeley, 1889; Watson, 1917）将异齿兽亚目基本等同于似哺乳爬行动物，但是Broom（1905）认为异齿兽亚目应该只用于二齿兽类。Watson和 Romer（1956）经典的兽孔类分类中将二齿兽类、俄罗斯的"venyukoviamorphs"以及植食性的恐头兽类（貘头兽tapinocephalians）均包括进异齿兽亚目。Romer（1966）将其余的恐头兽类也归入异齿兽亚目，因而异齿兽亚目就相当于恐头兽类加二齿兽类；这种用法直到20世纪80年代依然流行，例如King（1988）的研究。在支序方法应用到兽孔类的关系之后，恐头兽类和二齿兽类不再被认为组成单系类群（Hopson et Barghusen, 1986; Hopson, 1991; Sidor et Hopson, 1998; Rubidge et Sidor, 2001），恐头兽类被排除出异齿兽亚目。

定义与分类　相对*Tapinocephalus atherstonei* Owen, 1876，*Ictidorhinus martinsi* Broom, 1913，*Gorgonops torvus* Owen, 1876，或 *Scylacosaurus sclateri* Broom, 1903，与*Dicynodon lacerticeps* Owen, 1845 亲缘关系更近的所有类群（Kammerer et Angielczyk, 2009）。包括Chainosauria、Venyukovioidea以及基干的 *Biseridens* 和 *Anomocephalus*（Liu et al., 2010）。

形态特征　吻部短；颧弓上扬；缺乏镫骨孔；隔骨反折翼背凹靠近齿骨；边缘齿无锯齿。

分布与时代　全球分布，二叠纪及三叠纪。

双列齿兽属 Genus *Biseridens* Li et Cheng, 1997

模式种　*Biseridens qilianicus* Li et Cheng, 1997

鉴别特征　中等大小，吻部短，短的隔颌骨末端出露在面部的鼻骨及上颌骨间；颧弓向后上方扬起；没有下颌孔；棒骨（tabular）与后枕骨接触；翼骨的横突向侧向延伸，没有后突；隔骨反折翼背凹靠近齿骨；齿系明显分化，下颌有三个显著犬前齿，有齿尖的颊齿排列为两列；犁骨、腭骨、翼骨具齿。

中国已知种　仅模式种。

分布与时代　甘肃，中二叠世。

评注　程政武和李锦玲（1997）提出双列齿兽模式标本与始巨鳄类（eotitanosuchids）有两个重要特征相同："眶后骨的前部出露在顶面，后侧部在颞凹之内形成明显的凹，下颌收肌前端延伸至此，它未达眶后骨的顶面，更无法延至额骨后缘"以及"颞间宽度大于眶间宽度"，并且有以下特征相似："侧颞孔大于眼孔，眶后骨下支中止在眶弓中部，未延伸达颧弓，间顶骨高而窄，后耳骨与方骨相接，腭骨和翼骨上具齿"。他们因此将双列齿兽归入始巨鳄类。

根据 Sigogneau-Russell（1989）在古四足类手册的划分始巨鳄亚目（Eotitanosuchia）只包括两属两种，它们是奥尔森始巨鳄（*Eotitanosuchus olsoni*）和佩剑伊万特龙（*Ivantosaurus ensifer*）。Ivakhnenko（1999）提出这两个属种是 *Biarmosuchus tener* 的晚出同名。虽然有人不完全认同他的观点，但是也认为这几个属种很接近，至少应该是同属。目前这几个属种分类应该是比阿莫鳄亚目之中。

Battail（2000）提出双列齿兽是与俄罗斯的 *Ulemica* 很接近的异齿兽类。Liu 等（2010）研究了一件更完整的新标本（IVPP V 16013），新的研究表明双列齿兽是最原始的异齿兽，它的吻部小于头长之半、颧弓上扬、隔骨反折翼背凹靠近齿骨等特征表明它是异齿兽，它的犬齿明显、犁骨、腭骨、翼骨具齿等则表明它在异齿兽中比较原始。

祁连双列齿兽 *Biseridens qilianicus* Li et Cheng, 1997

（图 18）

正模　IGCAGS V 632，不完整的头骨以及下颌左支后部。甘肃玉门大山口。

副模　IVPP V 12009，下颌前部具有完整齿系。

归入标本　IVPP V 16013，带下颌的近于完整的头骨以及部分椎体（Liu et al., 2010）。

鉴别特征　同属。

产地与层位　甘肃玉门大山口，中二叠统青头山组。

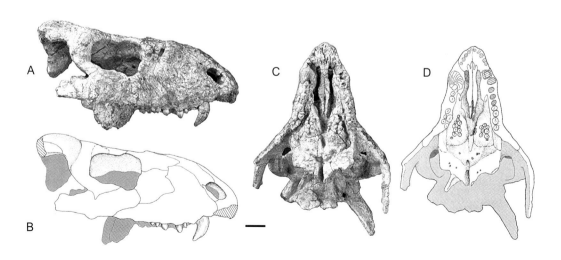

图 18　祁连双列齿兽 *Biseridens qilianicus*

归入标本（IVPP V 16013）：A, B. 头骨右侧面视，C, D. 头骨腹面视。比例尺＝ 2 cm　（线条图引自 Liu et al., 2009）

二齿兽下目 Infraorder Dicynodontia Owen, 1859

概述 二齿兽类是植食性兽孔类的一个大的类群，它们可能起源于二叠纪。二叠纪末期二齿兽类在动物群的植食成员中占统治地位，但随后数量迅速减少，仅有有限的几个代表历经二叠纪末的生物灭绝事件后存活于三叠纪，少量的属可延续到三叠纪末期。一些成员有世界性的分布。

资料显示，二齿兽类最早的代表出现于南非二叠纪波弗特群的始二齿兽带（*Eodicynodon* Zone of the Beaufort Group）。早期成员个体小（头骨长度10 cm左右），缺失门齿，但仍保存犬后齿（postcanine）。与之形成鲜明对比的是，晚三叠世的类型是一些大型动物（头骨长度可达57 cm），它们完全无齿，以发育角质的喙（horny beak）为其特征。

据King（1988）统计，全球共记述了46属二齿兽类。化石发现于包括南极在内的所有大陆。

定义与分类 二齿兽类为一单系类群，被定义为相对 *Galeops whaitsi* Broom, 1912，与 *Dicynodon lacerticeps* Owen, 1845 亲缘关系更近的所有类群（Modesto et al., 2003）。

随着化石种属的增加和分类方法的不同，二齿兽类的分类不断变化，同一时期内也常常因研究者的不同而有所差异，在此仅介绍几种影响较大、且被广泛应用的分类。Owen（1859b）提出了 Dicynodontia 的名称，到将近百年之后的1956年，Romer 认为它包括3科。它们是：具后额骨和犬后齿的内齿兽科（Endothiodontidae）；后额骨经常缺失、犬齿后齿完全缺失的二齿兽科（Dicynodontidae）和外鼻孔位置高、吻部长而向前下方倾斜的水龙兽科（Lystrosauridae）。他同时认为 Dicynodontidae 中可能包括几个独立的分支，但并未认可 von Huene（1948）订立的肯氏兽科（Kennemeyeriidae）。Romer（1966）在脊椎动物古生物学的教科书中，保留了前述的3科，将三叠纪的较大型二齿兽类从二齿兽科中移出，归入肯氏兽科（Kannemeyeriidae）。同时承认了 Cox（1959）订立的山西兽科（Shansiodontidae）和 Lehman（1961）订立的 Stahleckeriidae 科。这样 Dicynodontia 中包括6科。值得一提的是此时 Dicynodontia 中并不包括 Venyukoviamorpha 和 Dromasauria，这后两个类元被置于单独的、与 Dicynodontia 相同的分类级别（下目）上，它们共同归属于异齿兽亚目（Suborder Anomodontia）。20世纪80年代，分支系统学的广泛应用，使得二齿兽类中的分类级别增加，所包含的内容也有所变动。Cluver 和 King（1983）以及 King（1988）的支序分析结果都显示 Venyukoviamorpha（或 Venyukovioidea）是 Dicynodontia 中最原始的类群，King（1988）的分析也表明 Dromasauroidea 是紧随 Venyukovioidea 之后的 Dicynodontia 的原始类群。King（1988）的分析结果表明 Dicynodontia 中包括7个超科，它们是：Venyukovioidea, Dromasairoidea, Eodicynodontoidea, Endothiodontoidea, Pristerodontoidea, Diictodontoidea, Kingoriidae。

而 Dicynodontidae 是 Pristerodontoidea 超科下的一科，该科中包括 4 亚科 11 族。在其下的 Kannemeyeriinae（亚科）中囊括了三叠纪的 Lystrosaurini, Kannemeyeriini, Shansiodontini, Sinokannemeyeriini, Placeriini, Stahleckeriini 6 个族。Fröbisch（2007）对 39 个异齿兽类的 100 个形态特征所作的支序分析得出 6 个最简约的树，它们的严格合意支序图中，Venyukovioidea 形成 Dicynodontia 的姊妹群。Dicynodontia 中最原始的类群是 *Eodicynodon* 和 *Colobodectes*，再其次是 Robertiidae 科中的 *Diictodon* 和 *Robertia*。

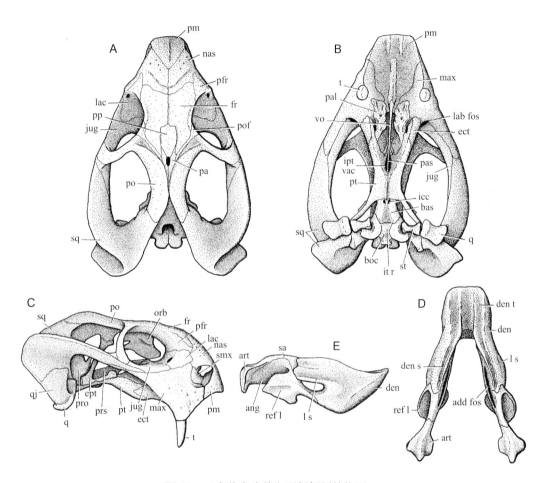

图 19　二齿兽类头骨和下颌解剖结构图

A. 头骨顶面视，B. 头骨腹面视，C. 头骨右侧面视，D. 右下颌支外侧视，E. 下颌顶面视 （引自 Cluver et King, 1983, Figs. 23, 24 , 25 and 26）

简字说明：add fos. 收肌凹（adductor fossa），ang. 隅骨（angular），art. 关节骨（articular），bas. 基蝶骨（basisphenoid），boc. 基枕骨（basioccipital），den. 齿骨（dentary），den s. 齿骨槽（dentary sulcus），den t. 齿骨平台（dentary table），ect. 外翼骨（ectopterygoid），ept. 上翼骨（epipterygoid），fr. 额骨（frontal），icc. 内颈动脉管（canal for internal carotid artery），ipt vac. 间翼骨腔（interpterygoid vacuity），it r. 结节间脊（intertuberal ridge），jug. 轭骨（jugal），lab fos. 唇窝（labial fossa），lac. 泪骨（lacrimal），l s. 侧架（lateral shelf），max. 上颌骨（maxilla），nas. 鼻骨（nasal），orb. 眶蝶骨（orbitosphenoid），pa. 顶骨（parietal），pal. 腭骨（palatine），pas. 副蝶骨（parasphenoid），pfr. 前额骨（prefrontal），pm. 前颌骨（premaxilla），po. 眶后骨（postorbital），pof. 后额骨（postfrontal），pp. 前顶骨（prepatietal），pro. 前耳骨（prootic），prs. 前蝶骨（presphenoid），pt. 翼骨（pterygoid），q. 方骨（quadrate），qj. 方轭骨（qudratejugal），ref l. 反折翼（reflected lamina），sa. 上隅骨（surangular），smx. 隔颌骨（septomaxilla），sq. 鳞骨（squamosal），st. 镫骨（stapes），t. 犬齿（tusk），vo. 犁骨（vomer）

形态特征　依其头骨特征，二齿兽类组成了兽孔类中最为特化的一个类群。眶前区短，在较晚期的类型中，除了一对大的上颌犬齿外，前上颌骨和上颌骨上无齿。一般认为，它们像龟类一样具角质的喙。颧弓侧向张开，形成一向头骨后方和背方伸展的窄棒。颧弓之后，鳞骨侧向张开，其前方被方骨和方颧骨遮盖。鳞骨的侧板和颧弓的侧面是下颌收肌（adductor externus lateralis）的附着区，这是除犬齿兽类（cynodonts）外，其他兽孔类中不具备的特征。方骨下端形成一对骨髁。下颌的关节面呈浅的凹入，其后部稍突起，允许与方骨间形成滑动。一般认为（Watson, 1948; Crompton et Hotton, 1967; Cluver, 1970），这样的滑动使得腭部和下颌相接触，可磨碎食物。下颌的前伸运动（protraction）还能使上、下颌的前端互相接触，咬住食物（effect a 'beak-bite'）。

在腭面上，侧翼骨突（lateral pterygoid process）比盘龙类大为缩减，指向前方。由前颌骨后向延伸和腭骨内向延伸形成的次生腭存在于二齿兽类的晚期类型，在早期的二齿兽类中次生腭刚刚开始出现。下颌上无冠状骨。齿骨和隅骨间有一下颌孔（mandibular fenestra），收肌（adductor muscles）附着于下颌支的内、外表面（图19）。

评注　综合考虑前人对二齿兽下目所作的分类及中国所发现的化石属种，本志书拟采用传统的分类方法，对中国无化石的类群不加讨论。即：Dicynodontia 中包括 Robertiidae, Dicynodontidae, Lystrosauridae, Shansiodontidae, Kannemeyeriidae 5 科。

罗伯特兽科 Family Robertiidae Cluver et King, 1983

定义与分类　相对 *Pristerodon mackayi* Huxley, 1868，*Endothiodon bathystoma* Owen, 1876，或者 *Dicynodon lacerticeps* Owen, 1845，与 *Diictodon feliceps* (Owen, 1876) Cluver et Hotton, 1981 亲缘关系更近的所有类群（Kammerer et Angielczyk, 2009）。

1983 年 Cluver 和 King 在订立 Robertiidae 时，该科中仅含 *Robertia* 一属。他们同时还订立了仅含 *Diictodon* 的 Diictodontidae。这两个科共同组成一新订立的罗伯特兽超科——Robertoidea。King（1988）基本遵循了 Cluver 和 King（1983）的分析，*Robertia* 和 Diictodon 仍是姊妹群关系，只是取消了 Robertoidea 的分类单元，在 Robertiidae 内包括 Robertiinae、Diictodontinae 和一个分类位置不明的属 *Aulacocephalus*。Fröbisch（2007）和 Angielczyk（2007）的分析结果都显示 Robertiidae 为 Dicynodontia 中仅次于 *Eodicynodon* 和 *Colobodectes* 的原始类群。本志书中的 Robertiidae 采用 King（1988）的含义。但 King（1988）的 Robertiinae 中仅含 *Robertia*，而 Diictodontinae 中仅含 *Diictodon*，亚科这一分类级别似无存在的必要。

鉴别特征　上颌骨边缘腹向延伸形成犬齿突（caniniform process）。在齿突与腭缘间形成明显的凹缺（notch）。齿骨背方纵向的沟缺失，在长的齿骨台面（dentary table）边缘有高的内板（medial blade）。下颌上具一小的侧齿骨架（lateral dentary shelf）。肱骨上具外髁孔（ectepicondylar foramen）。匙骨（cleithrum）存在。

　　中国已知属　*Diictodon* Broom, 1931。

　　分布与时代　南非和中国，晚二叠世。

双刺齿兽属 Genus *Diictodon* Broom, 1931

　　模式种　*Diictodon galeops* Broom, 1931

　　鉴别特征　中等大小的双刺齿兽类（头骨平均长度110 mm），颌骨上或者完全缺失牙齿，或者仅有一对上颌犬齿。眶后骨在松果孔之后倾向于遮盖顶骨。隔颌骨位于外鼻孔的内部。上颌骨在吻部侧面升高与鼻骨相遇。鼻骨在外鼻孔上方形成瘤状突起。上颌骨具明显的犬齿突，其基部前缘有一深的凹缺。腭骨的腭面部分短小，不与前颌骨相遇。犁骨在间翼骨凹（interpterygoid fossa）中形成短的中隔。外翼骨大，分隔开翼骨和上颌骨。左右齿骨愈合，在背部形成宽的齿骨平台（dorsal dentary table），具高的向中央延伸的边缘。齿骨平台尾部向中央延伸至下颌支内表面一线。齿骨的背缘在齿骨平台之后圆润，齿骨的后背突缺失。下颌孔（mandibular fenestra）大，不具与下颌收肌相连的扩展的侧齿骨架（lateral dentary shelf）。

　　中国已知种　*Diictodon tienshanensis* (Sun, 1973)。

　　分布与时代　南非和中国，晚二叠世。

　　评注　Sullivan 和 Riesz（2005）指出*Diictodon*以下列自近裔性状区别于*Robertia*：犬齿后齿缺失；在大部分标本中，左右眶后骨在松果孔之后彼此靠近；每一个这样的特征都会和一定的其他进步二齿兽类所共有。*Diictodon*以下列特征区别于*Dicynodon*：上颌骨齿突和腭缘之间凹缺；齿骨台面具高的内边缘；在基颅腹侧方结节（ventrolateral tuber of the basicranium）之间的横脊缺失；腭骨-前颌骨、翼骨-上颌骨之间的连接缺失。

　　Cluver 和 Hotton（1981）在研究厘定所有二叠纪的二齿兽类时，认为*Diictodon*是一有效的属。他们从其他一些属（*Dicynodon*和*Oudenodon*）中区分出了*Diictodon*的种，但是并未调查这些种的有效性。King（1988）在重新检查了所有这些种的模式标本后认为，最好保留*Diictodon*的大部分已定种，虽然其中的一些种可能是*Diictodon galeops*的晚出同物异名。在做了部分归并后，她保留了*Diictodon*的20个种。

　　King（1993）对*Diictodon*的20个种进行了逐一的简单描述，以南非博物馆中保存完好、经过精心修理的头骨为例，去寻找任何可能区分不同种的特征，最后她得出结论是这样的特征不存在。她认为*Diictodon*中只有一种——*Diictodon galeops*。后来的研究者（Sullivan et Riesz, 2005; Angielczyk et Sullivan, 2008）接受了她的观点，只是根据命名的优先法则使用了不同的种名——*Diictodon feliceps*。

天山双刺齿兽 *Diictodon tienshanensis* (Sun, 1973) Cluver et Hotton, 1977

（图 20）

Dicynodon tienshanensis：孙艾玲，1973a，52 页

Diictodon galeops：King, 1993, p. 303

Diictodon feliceps：Sullivan et Reisz, 2005, p. 48

正模 IVPP V 3260，一近于完整的头骨和下颌。新疆阜康白杨河（？）。

鉴别特征 较小的二齿兽类。眼间距和颞间距相近。间颞部具中等发育的顶脊，顶骨几被眶后骨覆盖。前顶骨宽大，后额骨存在。后额骨向后内侧延伸，与前顶骨相接，阻隔了额骨与顶骨。内鼻孔前端由于腭骨突的内挤而变窄。参与内鼻孔前边缘组成的前颌骨和上颌骨基部都较小。犁骨中棱短，翼骨间孔长。下颌上内"齿脊"发育。

产地与层位 化石采自新疆的上二叠统，但确切地点和层位不详。

评注 化石 IVPP V 3260 是袁复礼先生在 20 世纪 20－30 年代参加中-瑞中国西北考察团时在新疆采到的。孙艾玲（1973a）描述该标本时，按照采集者的回忆和化石点的照片，推测这一模式标本采自新疆阜康白杨河一带上二叠统的锅底坑组。孙艾玲（1973a）订立了二齿兽的天山种（*Dicynodon tienshanensis*）。

Cluver 和 Hotton（1977）依据这一材料具有双刺齿兽属的特征——如在上颌骨齿突的前缘具明显的凹缺，在长的间翼凹（interpterygoid vacuity）的两侧有小的腭骨，在腭面、吻部和头顶具典型的骨片排列，齿骨缝合部具槽状的凹陷，下颌支背方圆钝——将其修订为 *Diictodon* 的天山种（*Diictodon tienshanensis*）。它是迄今为止在非洲大陆之外该属的唯一代表。

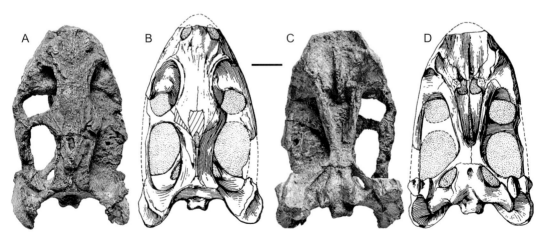

图 20 天山双刺齿兽 *Diictodon tienshanensis*

正模（IVPP V 3260）：A, B. 头骨顶面视，C, D. 头骨腭面视。比例尺 = 2 cm（线条图引自孙艾玲，1973a）

King（1993）认为 IVPP V 3260 腭骨结节和上颌骨齿突内后侧的突起也出现在南非其他的双刺齿兽的头骨上，它们不足以区分出天山种。Angielczyk 和 Sullivan（2008）进一步使用定性的形态特征，同时使用线性测量以及基于标志点的形态测量学，对 *Diictodon tienshanensis* 进行研究，结论显示它符合 *Diictodon feliceps* 所展示的多样性范围。本志书考虑到 IVPP V 3260 额骨与顶骨在头骨顶面被后额骨所阻隔这一特征从未出现在其他化石材料中，以及腭面上的综合特征，在新材料被发现和研究之前，仍保留天山种独立的种的地位。

二齿兽科 Family Dicynodontidae Owen, 1859

定义与分类　如前所述本志书中使用传统的二齿兽科的定义，但它的范围应小于 Romer（1966）的 Dicynodontidae。后者包括22属，其中既包括一些今天已分离出去的属（如 *Diictodon*），也包括一些目前被并入 *Dicynodon* 的属（如 *Jimusaria*）。它们是生活于中—晚二叠世的小—大型的二齿兽类（狭义）。

鉴别特征　具唇凹（labial fossa），无犬后齿（postcanine teeth），具窄的犁骨中隔（vomerine septum）和结节间脊（intertuberal ridge）。间颞区窄。露出于腭面的腭骨平。下颌具侧齿骨脊（lateral dentary ridge）。

中国已知属　*Daqingshanodon* Zhu, 1987; *Jimusaria* Sun, 1963; *Turfanodon* Sun, 1973; ? *Kunpania* Sun, 1978。

分布与时代　非洲、欧洲、亚洲（中国）；中—晚二叠世。

大青山兽属 Genus *Daqingshanodon* Zhu, 1989

模式种　*Daqingshanodon limbus* Zhu, 1989

鉴别特征　个体较小。鼻瘤纵长，鼻额瘤发育。隔颌骨完全位于外鼻孔内，泪孔、犁鼻器孔和侧鼻腺孔都在隔颌骨与面部骨块的缝合线上。后额骨消失。眶后骨在间颞部叠覆顶骨的大部。犬齿突短，侧缘扩展呈锐脊状。外翼骨、腭骨、翼骨的腭支与上颌骨交在一点。翼骨腭上支长，一直覆盖到犁骨背面。内鼻孔几乎完全被腭骨包围。唇窝存在。基蝶骨侧面具三角形侧架。鳞骨在颞孔侧后方向前回卷。前顶骨菱形，凸于周围各骨块之上。两顶骨在顶孔边缘翘起。下颌孔狭长。齿骨侧架小，齿骨沟窄深，齿骨平台窄。

中国已知种　*Daqingshanodon limbus* Zhu, 1989。

分布与时代　内蒙古，晚二叠世。

评注　Lucas（1998）认为大青山兽（*Daqingshanodon*）不具独有的鉴定特征，是二齿兽（*Dicynodon*）的晚出同物异名。李佩贤等（2000）则认为大青山兽头骨仅 83 mm 长，小于 *Dicynodon*（100－400 mm），而且它的隔颌骨并未像 *Dicynodon* 那样出露在吻部的外表面，而是局限在外鼻孔之内，顶骨在间颞部的出露也较宽。这些特征与 *Dicynodon* 的定义不符，应保留大青山兽独立属的地位。

边缘大青山兽 *Daqingshanodon limbus* Zhu, 1989

（图 21）

Dicynodon limbus：Lucas, 1998, p. 71; Lucas, 2001, p. 86

正模　IVPP V 7940，一基本完好的头骨和下颌。内蒙古包头市石拐区。
鉴别特征　同属。
产地与层位　内蒙古包头市石拐区，上二叠统脑包沟组。

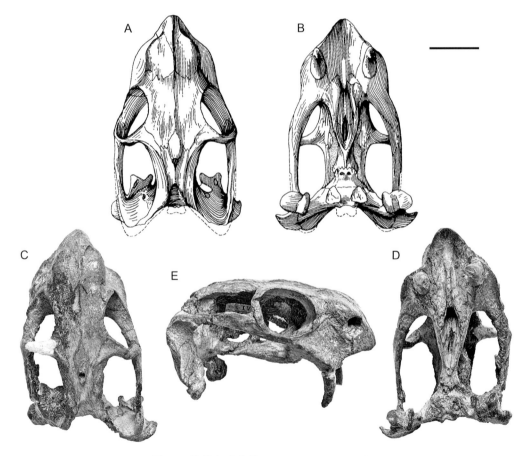

图 21　边缘大青山兽 *Daqingshanodon limbus*

正模（IVPP V 7940）：A, C. 头骨顶面视，B, D. 头骨腭面视，E. 头骨右侧面视。比例尺 = 2 cm（线条图引自朱扬珑，1989）

吉木萨尔兽属 Genus *Jimusaria* Sun, 1963

模式种 *Jimusaria sinkianensis* (Yuan et Young, 1934)

鉴别特征 中等大小的二齿兽类。头骨顶视三角形，具短小和纤弱的吻部，吻端尖。相对较小的眼孔位置靠前，面向背侧方。颞间脊长而窄，在两眶后骨间具一中沟。顶骨深，鼻骨表面具浅的纹饰。

中国已知种 *Jimusaria sinkianensis* (Yuan et Young, 1934), *J. taoshuyuanensis* Sun, 1973。

分布与时代 新疆吉木萨尔和吐鲁番，晚二叠世。

评注 Yuan 和 Young（1934a）将中国最早发现的二齿兽类化石定为新疆种，归入二齿兽属（*Dicynodon sinkianensis*）。孙艾玲（1963）在《中国的肯氏兽类》一书中指出新疆二齿兽存在原始性，如窄而小的吻部，不甚发育的上颌骨齿突，相对狭窄的眼间距等。但头骨上同时具备了某些进步的性质，如增深了的顶骨，窄的顶脊，粗糙面的雏形等。据此，孙艾玲将新疆种建立了二齿兽科中一新属吉木萨尔兽（*Jimusaria*）。King（1988）认为所有这些特征都不能把 *Jimusaria* 与大型的 *Dicynodon* 区分开来，应回复到它原来的归属 *Dicynodon sinkianensis*。Lucas（1998, 2001）、Li 等（2008）都同意了这种观点。

Kammerer 等（2011）在对全球二叠纪和三叠纪的二齿兽类进行分支系统学分析时，认为经过 King（1988）和 Lucas（1998, 2001）归并后的 *Dicynodon*（广义）不是单系的。"*Dicynodon*"的标本在不同的盆地中并不代表同一属的动物。因此，以"*Dicynodon*"的存在进一步推断它们地层时代的相似是没有保障的。Kammerer 等（2011）将非单系的"*Dicynodon*"分解，重新恢复了吉木萨尔兽的独立属的地位。

新疆吉木萨尔兽 *Jimusaria sinkianensis* (Yuan et Young, 1934) Sun, 1963
（图 22）

Dicynodon sinkianensis：Yuan et Young, 1934a, p. 563; King, 1988, p. 92; Lucas, 1998, p. 82; Lucas, 2001, p. 81; Li et al., 2008, p. 385

正模 IVPP RV 341407（No 600069），一完整的头骨和下颌，一些脊椎和指骨。新疆吉木萨尔大龙口。

鉴别特征 中等大小的二齿兽（头长 240 mm）。上颌骨齿突后缘粗壮，上颌犬齿指向下方。间眶区宽，而间颞部窄，前者是后者的两倍。一窄而长的沟位于间颞部，它自头骨的后缘向前延伸直达顶孔。在下颌孔（mandibular foraman）之上，齿骨具长而突出的侧齿骨架。

产地与层位 新疆吉木萨尔（孚远）大龙口，? 二叠系最顶部（锅底坑组顶部）。

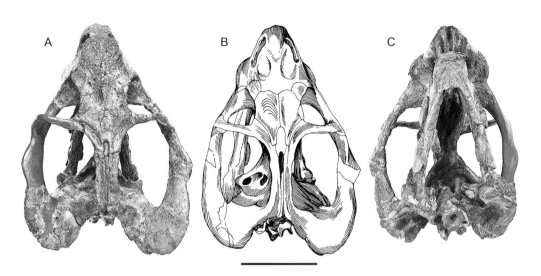

图 22 　新疆吉木萨尔兽 *Jimusaria sinkianensis*

正模（IVPP RV 341407）：A, B. 头骨顶面视，C. 头骨和下颌腹面视。比例尺 = 4 cm（线条图引自 Yuan et Young, 1934a）

评注 　这是我国最早发现和记述的二齿兽类。Yuan 和 Young（1934a）认为它与南非卡鲁系的 *Dicynodon rogesi* 最为相似，订立了二齿兽属的新疆种（*Dicynodon sinkianensis*）。

Yuan 和 Young（1934a）在原始的记述中对化石的产出层位和地点写的都不够详细，原文为："?Uppermost Permian, Fuyuan, Sinkiang. Field No 600069"。程政武（1986）对此进行了详细的考证："最重要的是袁氏提供了几张当年所拍摄的照片，直接证实三台大龙口的具体发掘点在大龙口背斜的南翼，现今锅底坑组上部至韭菜园组下部。看来文献所载兽形爬行类产地为三台大龙口是无误的。……同一编号 No 600069 的标本，同时包含有 *Dicynodon sinkianensis* 和 *Lystrosaurus weidenreichi* 是有重要意义的"。程政武经过分析认定"……锅底坑组顶部的过渡层，所含的水龙兽多于二齿兽科化石，也就是说以水龙兽为主。所以，将其归属于早三叠世"。*Dicynodon* 出现于早三叠世地层的这一结论，目前尚属存疑，还需更多的野外工作和化石来证明。

桃树园吉木萨尔兽 *Jimusaria taoshuyuanensis* Sun, 1973

（图 23）

Dicynodon sinkianensis：King, 1988, p. 92

Dicynodon taoshuyuanensis：Lucas, 1998, p. 82; Lucas, 2001, p. 81; Li et al., 2008, p. 386

群模 　IVPP V 3240.1 和 3240.2，两个头骨的前面部分；IVPP V 3240.3 一个很好保

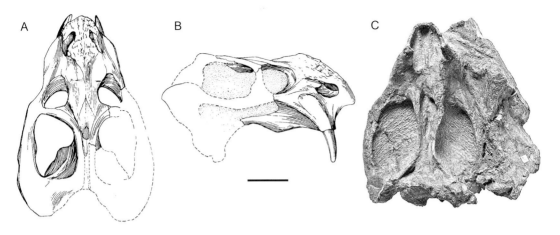

图 23　桃树园吉木萨尔兽 *Jimusaria taoshuyuanensis*

群模（IVPP V 3240）：A. 头骨顶面视复原图，B. 头骨右侧视复原图（线条图为 IVPP V 3240.1, 3240.2,
3240.3 头骨的合并复原图，引自孙艾玲，1973b），C. IVPP V 3240.3 腭面视。比例尺 = 4 cm

存的头骨腹面。新疆吐鲁番桃树园子。

　　鉴别特征　中等大小的二齿兽类，头骨稍成三角形。吻部较窄小。眼孔侧上视。眼间距
较窄。间颞部宽度为眼间距的2/3。顶脊不甚隆起。顶骨增深。上颌骨齿突后缘直而薄，不像
新疆二齿兽那样凸圆，牙齿向前下方伸出。翼骨间凹长度为头骨全长的30%。外翼骨存在。

　　产地与层位　新疆吐鲁番桃树园子，上二叠统锅底坑组。

　　评注　孙艾玲（1973b）强调产自吐鲁番的 V 3240 化石材料，上颌骨齿突的形状、
牙齿的指向、间眶部宽度与间颞部宽之比都区别于新疆吉木萨尔兽，据此订立了吉木萨
尔兽桃树园种。King（1988）并未接受这一观点，在将 *Jimusaria* 归并入 *Dicynodon* 的同时，
将桃树园种看成是新疆种的晚出同物异名，同为 *Dicynodon sinkianensis*。

　　目前，有关化石产出的层位有不同的说法，孙艾玲（1973b）依据赵喜进对地层的
划分，认为桃树园种产自锅底坑组（又称小龙口组）。而程政武（1989）在讨论天山两
侧脊椎动物组合特征时，对桃树园二齿兽产出的层位提出质疑。他写道："根据我们近
几年在吐鲁番桃树园子沟逐层追索的结果，按照地层层序和岩性特征，无疑 *Jimusaria
taoshuyuanensis*（即 *Dicynodon taoshuyuanensis*）应归于狭义的梧桐沟组"。

吐鲁番兽属 Genus *Turfanodon* Sun, 1973

　　模式种　*Turfanodon bogdaensis* Sun, 1973

　　鉴别特征　较大型的二齿兽类。吻部高，具陡峭倾斜的两侧。间眶区宽。间颞区长
而窄，顶骨在其上有窄的暴露。眶后骨在间颞棒两侧呈垂直方向。鳞骨侧视具宽圆的背缘。
面区表面有密集的凹坑纹饰。

中国已知种　*Turfanodon bogdaensis* Sun, 1973, *T. sunanensis* (Li, Chen et Li, 2000)。

分布与时代　新疆吐鲁番和甘肃肃南，晚二叠世。

评注　孙艾玲（1973b）在订立博格达吐鲁番兽（*Turfanodon bogdaensis*）时，强调它有两个独特的性质：额骨直接与前颌骨相接，外鼻孔下缘具有粗壮的棱状突起。King（1988）认为*Turfanodon*非常类似于*Dicynodon*，没有独立存在的必要，但保留了博格达种，构成新组合*Dicynodon bogdaensis*。Lucas（1998, 2001）、Li等（2008）都同意了这种观点。

Kammerer等（2011）在对全球二叠纪和三叠纪的二齿兽类进行分支系统学分析时，认为经过King（1988）和Lucas（1998, 2001）归并后的*Dicynodon*（广义）不是单系的。"*Dicynodon*"的标本在不同的盆地中并不代表同一属的动物。因此，以"*Dicynodon*"的存在进一步推断它们地层时代的相似是没有保障的。Kammerer等（2011）将非单系的"*Dicynodon*"分解，重新恢复了吐鲁番兽的属的地位。

博格达吐鲁番兽 *Turfanodon bogdaensis* Sun, 1973

（图 24）

Dicynodon bogdaensis：King, 1988, p. 90；Lucas, 1998；Lucas, p. 84, 2001, p. 81；Li et al., 2008, p. 386

正模　IVPP V 3241，一不完整的头骨。新疆吐鲁番桃树园子。

鉴别特征　头骨长 370 mm。头骨背视三角形，鳞骨向后外侧扩展。外鼻孔下缘有棱状突起。吻部较宽大。眼孔侧上视。眼间距较宽。颞孔三角形。后额骨存在，窄条状。额骨直接与前颌骨相接，额骨前端有明显的突起和向后延伸的中棱。间颞部不向上隆起，顶骨增深，顶骨中央下陷成纵沟。翼骨间凹较小，长度为头骨基部长度的 1/5。

产地与层位　新疆吐鲁番桃树园子，上二叠统锅底坑组。

评注　与前述的桃树园二齿兽一样，有关化石产出的层位有两种说法。孙艾玲（1973b）认为博格达种产自锅底坑组（又称小龙口组），而程政武（1989）认为它们产自狭义的梧桐沟组。

肃南吐鲁番兽 *Turfanodon sunanensis* (Li, Cheng et Li, 2000)

（图 25）

Dicynodon sunanensis：李佩贤等，2000，150 页；Li et al., 2008, p. 387

Turfanodon bogdaensis：Kammerer et al., 2011, p. 139

正模　IGCAGS V 296，一大部完整的头骨，腹面中部和右后侧破损。甘肃肃南鲁沟。

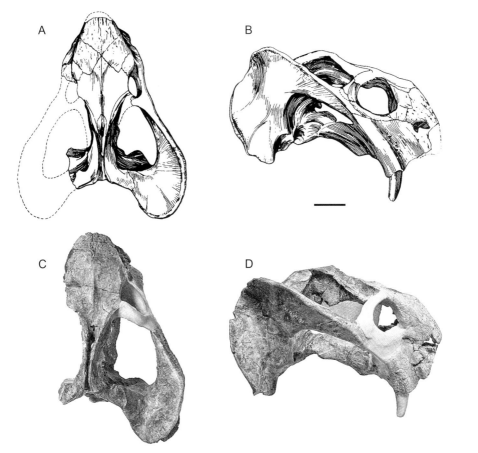

图 24 博格达吐鲁番兽 *Turfanodon bogdaensis*

正模（IVPP V 3241）：A, C. 头骨顶面视，B, D. 头骨右侧视。比例尺 = 5 cm （线条图引自孙艾玲，1973b）

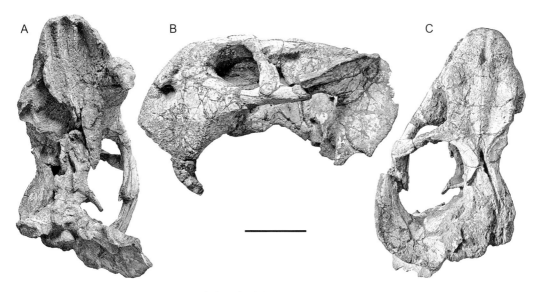

图 25 肃南吐鲁番兽 *Turfanodon sunanensis*

正模（IGCAGS V 296）：A. 头骨腭面视，B. 头骨左侧视，C. 头骨顶面视。比例尺 = 10 cm

鉴别特征 头长 400 mm。前颌骨后端与额骨相接。相接处具一深凹和自此凹向前延伸的位于前颌骨中线部位的一浅沟。两鼻骨不在中线相遇，鼻瘤发育。泪骨前伸超过前额骨，几乎伸达外鼻孔。无唇凹（labial fossa）。

产地与层位 甘肃肃南鲁沟，上二叠统肃南组顶部。

评注 Kammerer 等（2011）在恢复吐鲁番兽属独立地位时，认为肃南"二齿兽"是博格达吐鲁番兽的晚出同物异名。

吐鲁番兽未定种 *Turfanodon* sp.

（图 26）

Striodon magnus：孙艾玲，1978a，19 页

Dicynodon sp.：Lucas, 1998, p. 84

Turfanodon bogdaensis：Kammerer et al., 2011, p. 139

材料 IVPP V 4694，一头骨的后半部，包括枕部、间颞部和部分额骨。

产地与层位 新疆吉木萨尔东小龙口，上二叠统锅底坑组。

评注 孙艾玲（1978a）依据一极不完整的化石材料订立了二齿兽类的一属种——硕大条纹兽（*Striodon magnus*）。它的特征是："个体巨大，估计头骨全长 600 mm 以上。枕部低而宽，鳞骨向两侧扩张。颞孔大，略呈四方形。间颞部窄而长。松果孔大，位于顶脊前端，开口向前方"。King（1988）认为它很可能属于 *Dicynodon*，但遗憾的是标本过于破碎，无法确认。King（1988）保留了 *Striodon magnus* 的名称。Lucas（1998, 2001）则认为 *Striodon magnus* 是疑难名称（*nomen dubium*），而将该化石材料确定为 *Dicynodon*

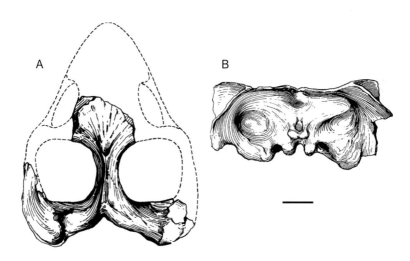

图 26 吐鲁番兽未定种 *Turfanodon* sp.

头骨后部（IVPP V 4694）：A. 顶面视，B. 枕面视。比例尺 = 10 cm（引自孙艾玲，1978a）

sp.。Kammerer 等（2011）认为 IVPP V 4694 长而窄的间颞部以及几乎完整的眶后骨 -顶骨叠覆，是二叠纪二齿兽类的典型特征，它类似于中国二叠纪的两个有效种——新疆吉木萨尔兽和博格达吐鲁番兽。Kammerer 等（2011）进一步认为 *Striodon magnus* 是 *Turfanodon bogdaensis* 的晚出同物异名。因化石材料过于破碎，目前也很难确定它是否一定与博格达种相同，暂将其作为吐鲁番兽的未定种处理。值得强调的是这一化石是目前在新疆晚二叠世晚期锅底坑组中发现的唯一真正大型的二齿兽类。

？弓板兽属 Genus ?*Kunpania* Sun, 1978

模式种 ?*Kunpania scopulusa* Sun, 1978

鉴别特征 巨大二齿兽类。头骨高，具长牙。下颌两支极向两侧扩张。下颌孔上方有齿骨膨突。肩胛骨短而宽，弯曲，肩臼部分极增厚。

中国已知种 仅模式种。

分布与时代 新疆，晚二叠世。

？陡壁弓板兽 ?*Kunpania scopulusa* Sun, 1978

（图 27）

Dicynodon scopulusa：Lucas, 1998, 2001

正模 IVPP V 4695，一头骨和下颌的前部、右肩胛骨、右前乌喙骨和乌喙骨、右肱骨。新疆吉木萨尔弓板沟。

鉴别特征 同属。

产地与层位 新疆吉木萨尔弓板沟，上二叠统泉子街组。

评注 这是一个保存极不完整的个体，属大型的二齿兽类（估计头骨长度超过500 mm）。King（1988）在总结整个Amonodontia时，认为弓板兽与*Dicynodon*相似，只是其齿骨外侧的结构明显有别。她保留了*Kunpania scopulusa*的名称。而Lucas（1998）认为除了极长的下颌孔、侧架（lateral shelf）和位于架上方的一个凹外，它无法与*Dicynodon*区分开，而这些区别无法上升到属的级别。Lucas（1998）将陡壁

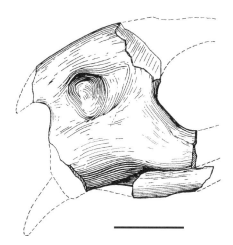

图 27 ？陡壁弓板兽 ?*Kunpania scopulusa* 正模（IVPP V 4695）：头骨前部左侧视。比例尺＝ 10 cm（引自孙艾玲，1978a）

种置于二齿兽属之内，构成新组合 *Dicynodon scopulusa*。因化石材料的不完整，其实也很难肯定新疆的材料就一定属于 *Dicynodon*。目前考虑到化石产自泉子街组，这是中国二齿兽类出现的最低层位，它与产自同一地区（新疆）更高层位（锅底坑组）的 *Jimusaria sinkianensis*，*J. taoshuyuanensis* 和 *Turfanodon bogdaensis* 在个体大小、粗壮程度及上述的特征上存在差别。而且陡壁弓板兽这一名称使用已久，它又是泉子街组中唯一的四足类的代表，目前暂且将弓板兽作为存疑名称保留下来，待更多新材料发现后再行确定。

二齿兽科属种未定 Dicynodontidae gen. et sp. indet.

材料 IGCAGS V 326，五个不完整的脊椎、一近完整的左肩胛骨、一右乌喙骨及一左股骨近端。

产地与层位 新疆吉木萨尔，上二叠统锅底坑组顶部。

评注 程政武（1986）记述了锅底坑组顶部的（广义）二齿兽类的 4 个未定属种化石，除 IGCAGS V 326 外，还包括 V 327、V 328 和 V329。后三个标本被归入水龙兽科。他认为：“锅底坑组顶部的脊椎动物化石反映了混生现象，可视为二叠系和三叠系之间的过渡层。……过渡层的时代应由所含化石的主、次来决定。根据已积累的资料和标本，锅底坑组顶部的过渡层所含的水龙兽多于二齿兽科化石，也就是说以水龙兽为主。所以将其归属于早三叠世”。据此，这是二齿兽科成员进入三叠纪的唯一记录。

水龙兽科 Family Lystrosauridae Broom, 1903

定义与分类 相对 *Dicynodon lacerticeps* Owen, 1845，或 *Kannemeyeria simocephala* (Weithofer, 1888) Broom, 1913，与 *Lystrosaurus murrayi* (Huxley, 1859) Broom, 1932 亲缘关系更近的所有类群（Kammerer et Angielczyk, 2009）。水龙兽科（相当于 1988 年 King 用支序分类方法划分的水龙兽族）包括两属：*Lystrosaurus* Cope, 1870 和 *Kwazulusaurus* Maisch, 2002。*Lystrosaurus* 为小型到中等大小的二齿兽类。

鉴别特征 吻部短而深，向下方倾斜，由伸长的上颌骨和前颌骨组成。顶骨在头顶出露宽广；外翼骨缺失。

中国已知属 *Lystrosaurus* Cope, 1870。

分布与时代 晚二叠世晚期的生物大灭绝使为数众多的二齿兽科的成员几乎全部消失了。进入到早三叠世早期，*Lystrosaurus* 成为仅有的两属二齿兽类（广义）之一，却广布于世界各大陆，化石发现于南非、印度、俄罗斯、中国、老挝、澳大利亚和南极。

水龙兽属 **Genus *Lystrosaurus* Cope, 1870**

模式种 *Lystrosaurus murrayi* (Huxley, 1859) Broom, 1932

鉴别特征 眼眶高，外鼻孔位于其近前方。吻部强烈向腹向延伸；腭骨前部不与前颌骨接触。荐椎 8 个。腕骨和跗骨微弱骨化。

中国已知种 *Lystrosaurus broomi* Young, 1939, *L. hedini* Young, 1935, *L. robustus* Sun, 1973, *L. shichanggouensis* Cheng, 1986, *L. youngi* Sun, 1964。

分布与时代 新疆，早三叠世。

布氏水龙兽 *Lystrosaurus broomi* **Young, 1939**

(图 28)

Lystrosaurus murrayi：Yuan et Young, 1934b, p. 575

正模 IVPP RV 39060 （Field No. 600065），一不完整头骨。新疆准噶尔盆地。

归入标本 IGCAGS V 336，一缺失了头骨和下颌前部的不完整头骨（程政武，1989）。

鉴别特征 头部顶骨 - 前顶骨平面短而宽，与额骨面间夹角大。额骨与前额骨的缝合部微隆起成脊。具额骨结瘤（frontal bosses）。吻部低而宽，中脊不明显。泪骨上突插入鼻骨和前额骨之间。上颌骨犬齿向前下方伸出，与吻部延伸方向一致。牙齿横断面椭圆形，表面具弱的纵向沟纹。

产地与层位 新疆准噶尔盆地和吐鲁番盆地，下三叠统韭菜园组。

评注 1934 年袁复礼和杨钟健第一次记述了产自新疆吉木萨尔的一水龙兽近于完整的头骨，并将其归入了依据南非材料而建立的水龙兽穆氏种（*Lystrosaurus murrayi*）。1939 年在进一步工作的基础上，根据泪骨的特殊形态及与南非遥远的地理分布，杨钟健接受 Broom 的建议建立了水龙兽的布氏种（*L. broomi*）。在其后一些研究者的文章中，都曾提到布氏种

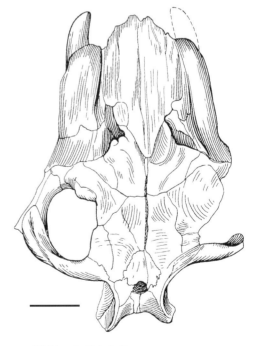

图 28 布氏水龙兽 *Lystrosaurus broomi* 头骨 （IVPP RV 39060）顶面视。比例尺 = 4 cm （引自 Yuan et Young, 1934b）

和穆氏种之间的密切关系。Colbert（1974）和 King（1988）都否认布氏种存在的意义，仍将它看作是穆氏种的晚出同物异名。李锦玲（1988）并未接受这一归并，认为布氏种和穆氏种之间的区别除了泪骨周边的结构不同外，二者的头骨形态是截然不同的。穆氏种的头骨短而深，顶面可分为顶骨 - 前顶骨平面、额骨平面和前颌骨平面三个部分。从侧视面上可见吻的前表面与顶骨 - 前顶骨平面几乎互相垂直。而布氏种吻部不是向下，而是向前下方伸展，头骨顶面三分性不明显。额骨平面和前颌骨平面共同构成一稍显弯曲的面，它与顶骨 - 前顶骨平面间夹角增大为 125°的钝角。穆氏种头骨上的额鼻脊（frontonasal ridge）和放射性的额脊系统（radiating system of frontal ridges）在布氏种头骨上均未出现。

赫氏水龙兽 *Lystrosaurus hedini* Young, 1935

（图 29）

Lystrosaurus weidenreichi：Young, 1939, p. 114

正模　IVPP RV 35012 (No. 500010)，一包括头骨、下颌和头后骨骼的几乎完整的骨架。新疆准噶尔盆地。

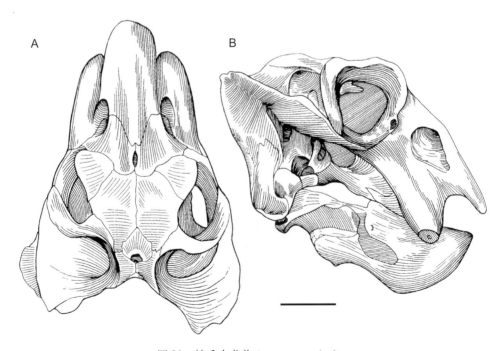

图 29　赫氏水龙兽 *Lystrosaurus hedini*
正模（IVPP RV 35012）：A. 头骨顶面视，B. 头骨和下颌右侧视。比例尺 = 4 cm（引自 Young, 1935）

归入标本　IVPP RV 39061，包括 18 个脊椎、肋骨、左肩胛骨、左股骨、左胫骨、左腓骨和左、右髂骨（Young, 1939）；IVPP V 3248？，一完整头骨（李锦玲，1988）；IVPP V 13462，一不完整头骨（锅底坑组顶部）（刘俊等，2002）；IGCAGS V 335，一完整的头骨和下颌（锅底坑组顶部）（程政武，1989）。

鉴别特征　头骨较窄。前额骨发育，微向上翘起，但未强烈地向两侧扩展，它的宽度与上颌骨齿突的宽度相等，小于头骨顶面弯曲长度的 50%。无额骨结瘤和明显的横向的额鼻脊。在额骨和吻部具纵向的中央脊。前颌骨平面与额骨平面间夹角大，弯曲不强烈，吻部伸向前下方。

产地与层位　新疆吉木萨尔大龙口和吐鲁番桃树园子，下三叠统韭菜园组和上二叠统锅底坑组顶部。

评注　1939 年杨钟健依据一不完整的头后骨架（IVPP RV 39061）订立了水龙兽魏氏种（*Lystrosaurus weidenreichi*）。其主要特征是肩胛骨极度向外弯曲，远端更为扩展，肩峰突（acrominion process）位置低。孙艾玲（1973b）在记述新疆吐鲁番盆地水龙兽头后骨骼时强调："魏氏种肩胛骨弯曲的这一特征可能在大型水龙兽个体里有着共性。……总之，从水龙兽的头后骨骼很难作出种的区分"。Colbert（1974）明确指出魏氏水龙兽可能是赫氏种的晚出同物异名。

粗壮水龙兽 *Lystrosaurus robustus* Sun, 1973
（图 30）

Lystrosaurus latifrons：孙艾玲，1973b，65 页

正模　IVPP V 3243，一头骨和下颌。新疆吐鲁番桃树园沟。

副模　IVPP V 3246，一头骨和下颌。

归入标本　IVPP V 3244, 一不完整头骨（原宽额种的正模；孙艾玲，1973b）；IVPP V 3247，一受压变形的头骨（原宽额种的副模；孙艾玲，1973b）；IGCAGS V 322, 一近完整的头骨、下颌及部分头后骨骼（程政武，1986）；IGCAGS V 330, 一缺失了吻部的头骨和下颌（程政武，1989）。

鉴别特征　头骨较大。顶骨 - 前顶骨平面与额骨平面间夹角较小。头骨顶面棱脊构造较发育，具额骨结瘤、额骨和吻部的纵向脊。前额骨发育但不上翘。前额部宽，其长度为头骨顶面长度的 50%以上。吻部较为短小，窄而高。吻的前表面为一平面，与两侧面呈角度相交。

产地与层位　新疆吐鲁番桃树园沟和准噶尔盆地吉木萨尔，下三叠统韭菜园组。

评注　孙艾玲（1973b）同时订立了水龙兽的两个种——粗壮种和宽头种。二者头骨

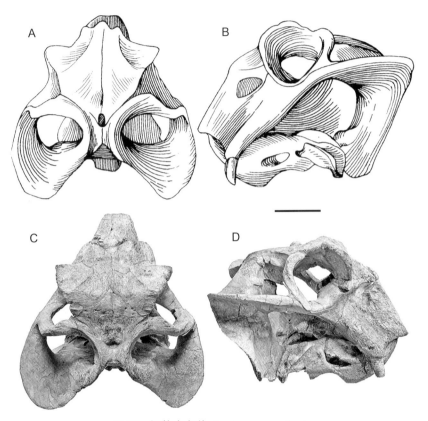

图 30　粗壮水龙兽 *Lystrosaurus robustus*

正模（IVPP V 3243）：A, C. 头骨顶面视，B. 头骨和下颌左侧视，D. 头骨和下颌右侧视。比例尺 = 5 cm（线条图引自 Sun et al., 2008）

形态极为相似，区别仅仅是宽头种具有更宽的前额部和较窄的间颞部。李锦玲（1988）认为"在工作的过程中发现，这两个特征并不总是同时出现，有的标本具有宽的前额部，但间颞部却不窄。如果不考虑间颞部的宽度，在其他特征一致的情况下，前额部宽度本身可能只反映水龙兽个体之间的差异或两性差异，而并不具有划分种的意义，因此将宽额种并入粗壮水龙兽"。归入标本 IGCAGS V 322 现收藏于中国地质博物馆。

石长沟水龙兽 *Lystrosaurus shichanggouensis* Cheng, 1986

（图 31）

正模　IGCAGS V 321，一完整头骨、下颌及部分头后骨骼。新疆吉木萨尔石长沟。

归入标本　IGCAGS V 323，一不完整头骨，左侧颧弓、方骨和鳞骨外延部分，枕髁和左右长牙等均保存，鼻吻部骨皮脱落（程政武，1989）。

鉴别特征　头骨大型，顶平面与吻平面相交近直角。颞孔短而宽，间颞部较宽短。前顶骨大，呈菱形，松果孔小。额骨在眼眶上缘出露窄，后额骨几乎被挤出眼眶上缘。

前额骨特肿厚而直立。鼻孔高，靠近眼孔，鼻孔下方沟棱发育。泪骨呈三角形，与前额骨、鼻骨、上颌骨和隔颌骨四骨相连。枕部高，鳞骨扩张不超过颧弓宽。下颌缝合部长，与后分支近直角，下颌孔大，其上有一突出的棱脊。股骨较瘦长，股骨头颇发育，桡骨短扁，两端甚扩张。

产地与层位 新疆吉木萨尔，下三叠统韭菜园组。

评注 程政武（1986）曾将 IGCAGS V 323 作为水龙兽未定种处理，1989 年将其归入石长沟水龙兽。该标本现收藏于中国地质博物馆。

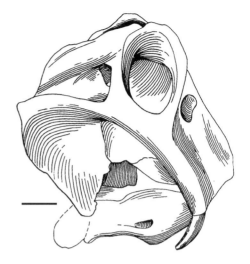

图 31 石长沟水龙兽 *Lystrosaurus shichanggouensis* 正模（IGCAGS V 321）：头骨和下颌右侧视。比例尺 = 4 cm（引自程政武，1986）

杨氏水龙兽 *Lystrosaurus youngi* Sun, 1964
（图 32）

Lystrosaurus curvatus：Colbert, 1974, p. 35; King, 1988, p. 95

正模 IVPP V 8532（野外编号 63005-4），一完整的头骨。新疆吉木萨尔东小龙口。

归入标本 IGCAGS V 324，一近于完整的头骨、下颌及部分头后骨骼（程政武，1986）。

鉴别特征 小到中等大小的水龙兽。额鼻部呈弧状弯曲。前额骨不大发育，其宽度小于头骨长度的 50%。额骨表面平滑或有零散的凹坑，额骨前部不下凹或微下凹。眼孔大，鼻孔位置靠前，没有显著的鼻孔后沟。上颌骨齿突向前下方伸出，牙齿不大。

产地与层位 新疆吉木萨尔大龙口，下三叠统韭菜园组。

评注 李锦玲（1988）在总结中国的水龙兽时认为："杨氏种广泛分布于新疆地区，有许多大小不同保存完好的头骨被归入本种。大量化石的发现使我们对种的特征有了更全面的认识。如在正型标本中额骨表面平滑，且呈弧形弯曲，而在后来发现的杨氏种较大个体中，左右额骨的前部表面微下凹，它们相接部位呈一不高的额中脊，额骨表面也出现了零散的小凹坑。Colbert（1974）依据头骨形态将这一种归入了 *L. cuvatus*，King（1988）遵循了这一观点。但如果考虑到泪骨的特殊形态的话——杨氏种也具有中国的水龙兽的特点，泪骨上突深入到额骨和鼻骨间，这一归并是有疑问的。"归入标本 IGCAGS V 324 现收藏于中国地质博物馆。

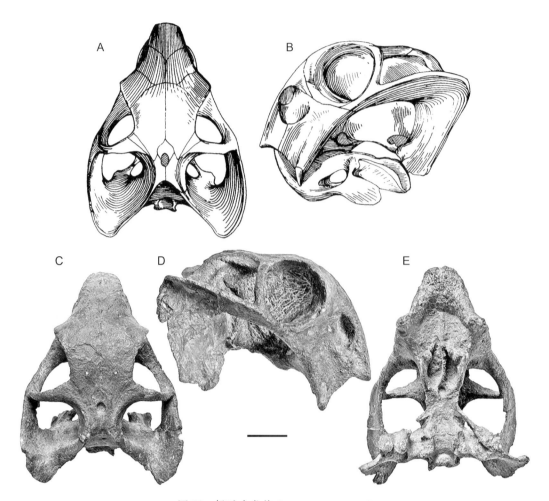

图 32　杨氏水龙兽 *Lystrosaurus youngi*

正模（IVPP V 8532）：A, C. 头骨顶面视，B. 头骨和下颌左侧视，D. 头骨右侧视，E. 头骨腭面视。比例尺 =
5 cm（线条图引自孙艾玲，1964）

杨氏水龙兽相似种 *Lystrosaurus* cf. *L. youngi* Sun, 1964

材料　IGCAGS V 381，一不完整头骨及下颌。

产地与层位　新疆吉木萨尔大龙口，上二叠统锅底坑组中上部，距锅底坑组底界
67 m。

评注　刘俊等（2002）记述了水龙兽一小型头骨（顶面弯曲长度 151 mm，腭面长
114 mm）。特征是颅基轴缩短；间颞部宽，其中顶骨在顶面出露多；吻部短，向下弯曲，
与头顶形成一定角度；上颌骨犬齿较细小；眼眶位置靠上。刘俊等认为这一标本与产自
新疆的 *L. youngi* 和南非的 *L. cuvatus* 特征基本相似，不过 *L. youngi* 和 *L. cuvatus* 二者在
泪骨结构上确实存在差异，而这一标本此部分保存不佳，无法判断其归属，暂定为杨氏
水龙兽相似种（*Lystrosaurus* cf. *L. youngi*）。

水龙兽未定种 1 *Lystrosaurus* sp. 1

材料 IGCAGS V 325，一不完整的头骨及零碎肢骨。

产地与层位 新疆吉木萨尔石长沟，下三叠统锅底坑组顶部。

评注 程政武（1986）记述了这一化石材料，他根据化石的颞孔短小，前额骨特肿厚及股骨的形态将其归入水龙兽属。同时强调"该头骨的一些特征，如头前部不太向下弯曲、前额骨异常肿厚等，不排除为新种之可能性"。该标本 IGCAGS V 325 现收藏于中国地质博物馆。

水龙兽未定种 2 *Lystrosaurus* sp. 2

材料 IGCAGS V 327，6 个颈椎、胸骨、左右肩胛骨及乌喙骨；IGCAGS V 328，一具近于完整的头后骨架；IGCAGS V 329，包括荐椎、部分肩带、腰带及后肢骨等。

产地与层位 新疆吉木萨尔大龙口，下三叠统锅底坑组顶部。

评注 程政武（1986）在其文章的 212 页"二齿兽属种未定"的标题下记述了这批化石。在结论部分认为它们基本上可归入水龙兽。它们与二齿兽科的材料（V 326）共同发现于锅底坑组顶部过渡带中。

山西兽科 Family Shansiodontidae Cox, 1965

定义与分类 生活于中三叠世的小型到中等大小的二齿兽类。Cox（1965）依据 *Shansiodon* 和与之相似的东非三叠纪的 '*Dicynodon*' *njalilus*〔Cruickshank（1967）将其修订为 *Tetragonias njalilus*〕订立了山西兽科。他认为该科的成员以相当短而钝的吻部、较窄的间眶区和非常窄的间颞部，有别于其他三叠纪二齿兽类。Romer（1966）完全接受了这一新的分类单元。但 Kemp（1982）和 Carroll（1988）并未采纳这一做法。Carroll（1988）仍将 *Shansiodon* 和 *Tetragonias* 置于肯氏兽科（Kannemeyeriidae）中。Kemp（2005）认为 *Shansiodon*、*Tetragonias* 和南美的 *Vinceria* 组成了一个类群，这些较小的二齿兽类有宽的头骨、短而钝且腹向延伸的吻部。他将这一类群看作是肯氏兽科中的第二个亚科（Shansiodontinae）。King（1988）在支序分析中将山西兽类作为二齿兽科（Dicynodontidae）肯氏兽亚科（Kannemeyeriinae）中的一个族群——山西兽族（Tribe Shansiodontini）。该族群的成员包括 *Shansiodon*, *Tetragonias*, *Vinceria*, *Angonisaurus*, *Rhinodicynodon*。它们的共近裔性状是吻部背视宽而钝，在一些情况下具突出的纵脊。

鉴别特征 头小；眼眶以及眶前区短，不大于头长之半；吻部宽钝，具明显的纵脊；眶后骨后突不接触鳞骨；间颞区窄，形成尖锐的顶脊。

中国已知属　仅有山西兽（*Shansiodon*）一属。

分布与时代　化石分布于中国、坦桑尼亚、阿根廷和俄罗斯，早—中三叠世。

山西兽属 Genus *Shansiodon* Yeh, 1959

模式种　*Shansiodon wangi* Yeh, 1959

鉴别特征　小型的二齿兽类。间颞区极窄，形成尖锐的顶脊。枕面低而宽。仅具一对上颌犬齿。颞孔大，其前 - 后向长度约为头骨全长的 1/3。松果孔位于顶脊的前方，松果孔的前缘和舌状的前顶骨相接。背椎双凹型。荐椎 5 枚。肢骨比较纤细，肱骨扭转——其近端面和远端面间形成一明显的角度。肩胛骨的肩峰突（acromion）和尺骨的肘突（olecranon）发育。股骨头哺乳动物状。

中国已知种　*S. wangi* Yeh, 1959，*S. wuhsiangensis* Yeh, 1959。

分布与时代　山西武乡和榆社、陕西吴堡和神木，中三叠世。

王氏山西兽 *Shansiodon wangi* Yeh, 1959

（图 33）

Shansiodon wupuensis：程政武，1980，154 页

正模　IVPP V 2415（野外编号 No 5673A），一个几乎完整的骨架，包括头骨、背椎、荐椎、肩带、腰带、右前肢和部分其他肢骨。山西榆社银郊。

归入标本　IGCAGS V 319，一近于完整的头骨（程政武，1980）。

鉴别特征　头骨宽，背视三角形，最大宽度位于枕面一线。面部短而宽，吻端弯

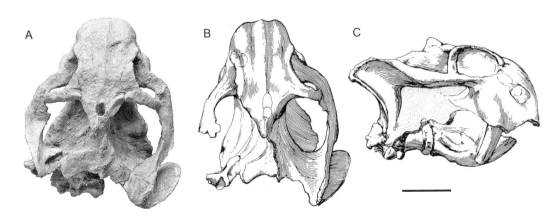

图 33　王氏山西兽 *Shansiodon wangi*

正模（IVPP V 2415）：A, B. 头骨顶面视，C. 头骨和下颌右侧视。比例尺 = 5 cm（线条图引自 Yeh, 1959）

曲向下。具明显的鼻瘤突（nasal boss）。轭骨背 - 腹向扁平，鳞骨侧向扩展。眼孔相对较小，椭圆形，为颞孔的 1/2。上颌骨齿突向下延伸，侧视半圆形，其后缘厚且圆钝。

产地与层位　山西榆社银郊、陕西吴堡张家塔，中三叠统二马营组上部。

评注　1980 年，程政武依据一小型头骨（IGCAGS V 319）订立了山西兽吴堡种（*Shansiodon wupuensis*）。虽然他强调新种的个体小，头骨上各部的比例与属型种有区别，但还是肯定从其头骨短三角形、颧弓上下扁平、面部较短宽等特征，吴堡山西兽与王氏种更为接近。因头骨大小和头骨上各部的比例都可随动物的生长而变化，很难作为区分种的依据，Sun 等（1992）将吴堡山西兽看作是王氏种的晚出同物异名。归入标本 IGCAGS V 319 现收藏于中国地质博物馆。

武乡山西兽 *Shansiodon wuhsiangensis* Yeh, 1959
（图 34）

Shansiodon shaanbeiensis：程政武，1980，157 页

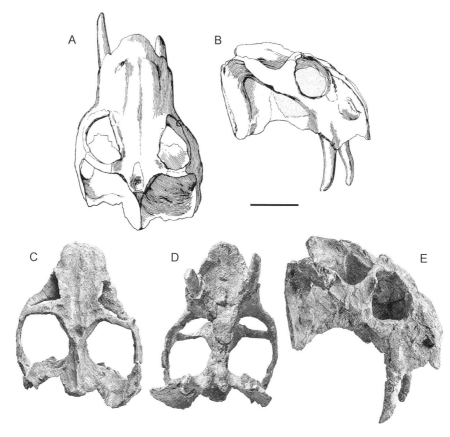

图 34　武乡山西兽 *Shansiodon wuhsiangensis*
正模 (IVPP V 2416)：A, C. 头骨顶面视，B, E. 头骨右侧视，D. 头骨腭面视。比例尺 = 5 cm (线条图引自 Yeh, 1959)

正模　IVPP V 2416, 一稍有破损的头骨。山西武乡石壁。

副模　IVPP V 2416a, 一破损头骨的后部, 仅包括枕面和间颞部; IVPP V 2417, 一与下颌后部相连的不完整头骨; IVPP V 2417a, 一单独保存的下颌前部, 一左尺骨的近端部分, 一左腓骨的远端部分和一些破碎的骨片。

归入标本　IGCAGS V 320, 一近于完整的头骨（程政武, 1980）。

鉴别特征　头骨窄, 背视椭圆形。吻端前伸, 面部窄而长, 从松果孔的前缘到吻端大约为头骨全长的 2/3。眼眶大, 颞孔相对较小。轭骨侧向扁平。上颌骨齿突延伸向下, 较为纤细, 后缘薄而倾斜。

产地与层位　山西武乡石壁、陕西神木贺家川, 中三叠统二马营组上部。

评注　1980 年, 程政武依据一小型头骨（IGCAGS V 320）订立了山西兽陕北种（*Shansiodon shaanbeiensis*）, 并将武乡山西兽的副型标本归入陕北山西兽。他认为二者都具卵圆形的头骨、颧弓不扩张、眼间距宽、眼孔位于头骨前部等特征。在程政武所列武乡种与陕北种区别的表中, 将武乡种的头骨描述为"颧弓向外扩展, 头顶略呈长三角形, 吻端向下弯曲", 这与 Yeh（1959）对标本的认定有较大差距, 人为地拉大了武乡种与陕北种的区别。而头骨大小和头骨上各部的比例都可随动物的生长而变化, 很难作为区分种的依据, 因此, Sun 等（1992）将陕北山西兽看作是武乡种的晚出同物异名。

肯氏兽科 Family Kannemeyeriidae von Huene, 1948

定义与分类　生活于三叠纪的中—大型二齿兽类。Romer（1956）将二叠纪和三叠纪的二齿兽类一道放入 Dicynodontidae, 并未使用肯氏兽科这一分类单元。Romer（1966）将 Kannemeyeriidae 单独列出, 当时的成员仅有6属。随着世界范围内肯氏兽类化石的不断发现, Carroll（1988）的 Kannemeyeriidae 已包括25属了。但在这一分类中并未承认 Shansiodontidae 的独立地位, *Shansiodon* 和 *Tetragonias* 仍被置于 Kannemeyeriidae 中。King（1988）的支序分析结果显示, 肯氏兽亚科（Kannemeyeriinae）下辖6个族。除 Lystrosaurini、Shansiodontini 和 Stahleckeriini 外, 其余的三族大致相当于传统的 Kannemeyeriidae 的分类范围。中国的陕北肯氏兽属（*Shaanbeikannemeyeria*）属于肯氏兽族（Kannemeyeriini）, 而中国肯氏兽属（*Sinokannemeyeria*）和副肯氏兽属（*Parakannemeyeria*）属于中国肯氏兽族（Sinokannemeyeriini）。

鉴别特征　具吻部加长和前颌骨变尖的趋势。顶骨与眶后骨组成长、高、具棱角的顶骨脊（parietal crest）; 具明显的鼻中脊（mid-nasal ridge）。

中国已知属　*Sinokannemeyeria* Young, 1937, *Parakannemeyeria* Sun, 1960, *Shaanbeikannemeyeria* Cheng, 1980, *Xiyukannemeyeria* Liu et Li, 2003。

分布与时代　山西、陕西、内蒙古和新疆, 早三叠世晚期—中三叠世。

中国肯氏兽属 Genus *Sinokannemeyeria* Young, 1937

模式种 *Sinokannemeyeria pearsoni* Young, 1937

鉴别特征 头骨低而宽，前后较直。眼间距为头长的 40%–50%。吻较钝圆。前颌骨前表面无匙形凹面。头顶粗糙面发育，从吻尖一直均匀地分布到鼻额部分。鼻中棱退化成一不明显的位于鼻额骨间的中央突起。鼻突起退化，上颌骨齿突大而呈三角形，向下伸展。长牙圆柱状，极粗壮，伸及下颌底缘以下。隔颌骨斜向耸立于外鼻孔后缘之上颌骨上。眼孔面向侧、稍向上，位置靠后。颞颥部短。间颞部短而较宽，宽度为头骨之 15% 左右，间顶骨和顶骨不同程度地在头顶舒展。前顶骨存在或缺失。眶后骨弓不甚粗壮，但在眼孔后上方增宽、增厚。鳞骨向两侧扩展。枕部低而宽，枕高只有枕宽的二分之一左右。枕髁宽，分化较显著。颅基轴不甚缩短和弯曲。基枕骨和基蝶骨合成宽而短的骨片。翼骨的方骨支较细，且向内扭曲。下颌齿骨缝合部分长。前肢与身体之比例较短。前乌喙骨薄而呈四方形。肩胛骨有匙骨沟。肱骨肩突和股骨骨干部分较宽、扁而强壮。

中国已知种 *Sinokannemeyeria pearsoni* Young, 1937, *S. yingchiaoensis* Sun, 1963, *S. sanchuanheensis* Cheng, 1980。

分布与时代 山西、陕西和新疆，中三叠世。

评注 孙艾玲（1963）在《中国的肯氏兽类》一书中还记述了一些零散的头后骨骼，处理为中国肯氏兽的未定种（*Sinokannemeyeria* sp.）。如产自武乡楼则峪的 IVPP V 986，仅包括一对完整的股骨、右胫骨和右腓骨。孙艾玲认为"胫骨腓骨和副肯氏兽者相似，但骨干较长。从股骨骨干与全长的比例看来，属中国肯氏兽是没问题的"。

皮氏中国肯氏兽 *Sinokannemeyeria pearsoni* Young, 1937

（图 35）

群模 IVPP V 976，头骨的头盖连枕部；V 977，前颌骨、鼻额部分、额顶部、镫骨、胸骨、肱骨、桡骨、坐骨、耻骨、股骨和胫骨。山西武乡西皇岩。

鉴别特征 个体较小，头骨长 300 mm 左右。眼间距宽，约为头长的 45%。间颞部的间顶骨不宽大而下凹，左右顶骨合成一短而低的突起。

产地与层位 山西武乡石壁和榆社银郊，中三叠统二马营组上部。

评注 Young（1937）依据采自山西武乡石壁和榆社银郊的化石材料——头骨的碎块、八个脊椎、一块乌喙骨、两块前乌喙骨、右肱骨、左股骨、左髂骨、腓侧跗骨和一些趾骨——订立了皮氏中国肯氏兽。当时化石材料未进行编号。1963 年孙艾玲在《中国的肯氏兽类》中，重新指定 V 976 和 V 977 作为该种的同模，并进行了补充描述。

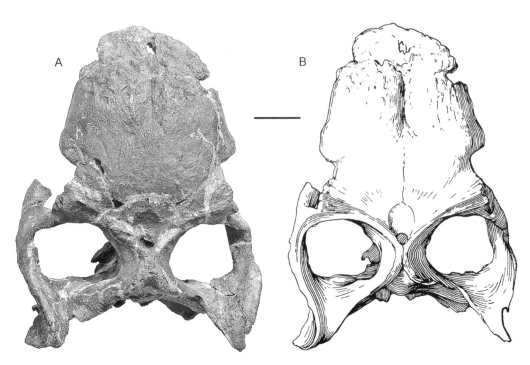

图 35　皮氏中国肯氏兽 *Sinokannemeyeria pearsoni*

正模（IVPP V 976）：A，B. 头骨顶面视。比例尺 = 4 cm（线条图引自孙艾玲，1963）

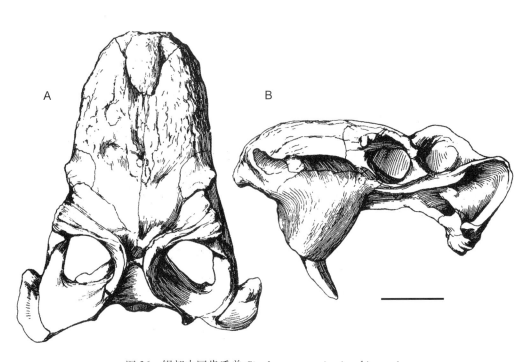

图 36　银郊中国肯氏兽 *Sinokannemeyeria yingchiaoensis*

正模（IVPP V 974）：A. 头骨顶面视，B. 头骨左侧视。比例尺 = 10 cm（引自孙艾玲，1963）

银郊中国肯氏兽 *Sinokannemeyeria yingchiaoensis* Sun, 1963

(图 36)

正模 IVPP V 974，前半身骨架，包括头骨及下颌、16 个脊椎、左右肩带和前肢。山西榆社银郊。

副模 IVPP V 975a，左髂骨；V 975b，近端部分缺失的左股骨；V 975c，仅近端部分保存的右胫骨。

鉴别特征 头骨大，前部结构十分沉重，后部则甚轻巧。眼间距达头骨长度之47%。间颞部非常短，但很宽，其中央由于宽大而前伸的顶骨位置低，间颞部的横断面呈凹形。鳞骨很扩展，向两侧后方延伸成外角，外角位置较高。上颌骨齿突极强壮而肥大，长牙发育。枕部特宽而低，枕高仅及枕宽的42%。齿骨缝合部分特宽而长。

产地与层位 山西榆社银郊，中二叠统二马营组上部。

三川河中国肯氏兽 *Sinokannemeyeria sanchuanheensis* Cheng, 1980

(图 37)

正模 IGCAGS V 316，一个近于完整的头骨及与之关连的下颌。山西离石石西乡。

鉴别特征 头骨小，吻部向下甚弯曲。额骨宽大，眼间距为头长的44%。间颞部宽，由顶骨组成宽的顶骨区。前顶骨大，近于矢状。间顶骨前伸到背面，但无深的凹陷。眼孔大，

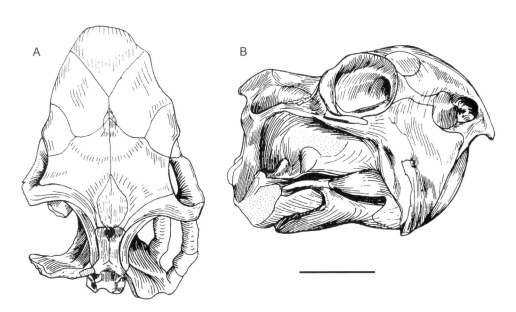

图 37 三川河中国肯氏兽 *Sinokannemeyeria sachuanheensis*

正模（IGCAGS V 316）：A. 头骨顶面视，B. 头骨和下颌右侧视。比例尺 = 5 cm（引自程政武，1980）

近方形。上颌骨齿突呈扁平的三角形。枕部高，枕孔高大呈直立椭圆形，枕髁分化为三个球体。翼骨方骨支后部轻微向内扭曲，下颌缝合部长。

产地与层位　山西离石，中三叠统二马营组上部。

副肯氏兽属 Genus *Parakannemeyeria* Sun, 1960

模式种　*Parakannemeyeria dolichocephala* Sun, 1960

鉴别特征　头骨长，窄而高，前后弯曲。眼间距小于头长的40%。吻部较长而尖。头顶眼前部的粗糙面不如中国肯氏兽那样发育。前颌骨前端表面有匙形凹陷。没有鼻中棱和鼻突起。上颌骨齿突大，三角形，但较扁薄。长牙极强壮而下伸。隔颌骨与上颌骨接触。泪骨伸展。眼孔开口向两侧。前顶骨存在或缺失。问颞部较窄，呈短而低的顶脊，宽度只有头长的5%－10%。顶脊主要由眶后骨组成。间顶骨与顶骨在头顶不暴露或很少

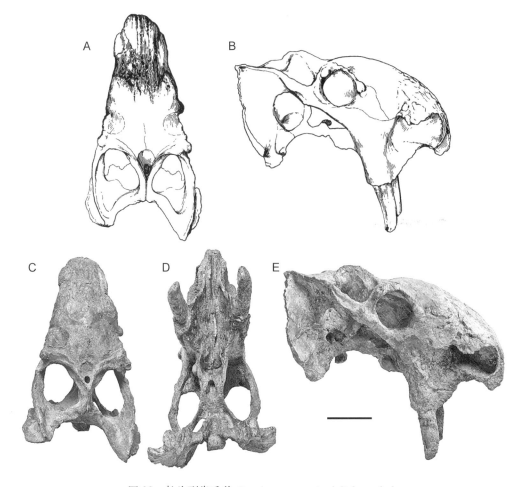

图38　长头副肯氏兽 *Parakannemeyeria dolichocephala*

正模（IVPP V 973）：A, C. 头骨顶面视，B, E. 头骨右侧视，D. 头骨腭面视。比例尺＝10 cm（线条图引自孙艾玲，1960）

暴露。颧弓两侧扁平。鳞骨较向下扩展。枕平面高而窄，枕高超过枕宽的60%。枕髁圆，分化较不显著。颅基轴不怎么缩短，也不向上弯曲。基枕骨-基蝶骨部窄而长。翼骨的方骨支较宽而扁，不像中国肯氏兽那样扭曲。齿骨缝合部较短。前肢和中国肯氏兽比起来较长。前乌喙骨三角形，肱骨和股骨骨干较细长。

中国已知种　*Parakannemeyeria dolichocephala* Sun, 1960, *P. chengi* Liu, 2004, *P. youngi* Sun, 1963, *P. ningwuensis* Sun, 1963, *P. shenmuensis* Cheng, 1980。

分布与时代　山西、陕西和新疆，早三叠世晚期—中三叠世。

长头副肯氏兽 *Parakannemeyeria dolichocephala* Sun, 1960

（图 38）

正模　IVPP V 973，一完整的头骨和部分头后骨骼，包括 3 节荐前椎、4 节荐椎、右肩胛骨和左肩胛骨的中部、一对锁骨、与荐椎相连的左髂骨前部、左右肱骨的骨干和远端、右桡骨、左腓骨和几节指骨。山西宁武大场。

归入标本　IVPP V 984，一完整头骨；IVPP V 985，一完整股骨。

鉴别特征　头骨特窄而向前下方弯曲，吻尖。前颌骨和鼻骨表面粗糙，具不规则的小坑和条纹。前顶骨存在，短的间颞部侧向挤压为一尖锐的顶脊。枕板不甚扩展，下颌高而窄。四肢骨扁而薄，股骨具骨化很好大而圆的股骨髁。

产地与层位　山西宁武大场、武乡张村沟，中三叠统二马营组上部。

程氏副肯氏兽 *Parakannemeyeria chengi* Liu, 2004

（图 39）

正模　IGCAGS V 382，一大部完整的头骨，仅缺失了左后侧。新疆吉木萨尔大龙口。

鉴别特征　头骨间颞部非常宽，主要由顶骨（可能还有间顶骨）构成。具不太明显的鼻中脊。颧弓后段为稍显左右扁平的棱柱形。

产地与层位　新疆吉木萨尔，中三叠统克拉玛依组底部。

杨氏副肯氏兽 *Parakannemeyeria youngi* Sun, 1963

（图 40）

正模　IVPP V 978，一受挤压的完整头骨。山西武乡楼则峪西什注。

副模　IVPP V 979，一受挤压扭曲变形的完整骨架，包括头骨、下颌和头后骨骼；IVPP V 972，一不完整的骨架，包括部分头部骨块（仅鼻骨和左枕部保存）和保存良好

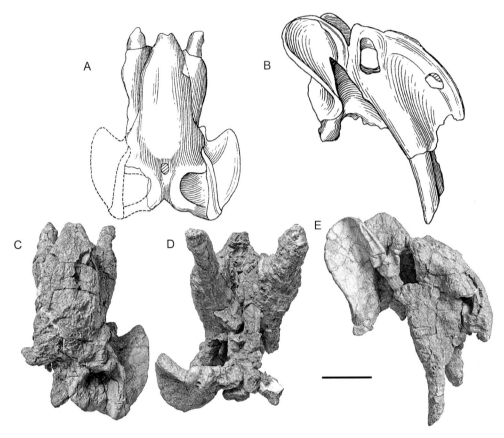

图 39　程氏副肯氏兽 *Parakannemeyeria chengi*

正模（IGCAGS V 382）：A, C. 头骨顶面视，B, E. 头骨右侧视，D. 头骨腭面视。比例尺 =10 cm（线条图引自刘俊，2004）

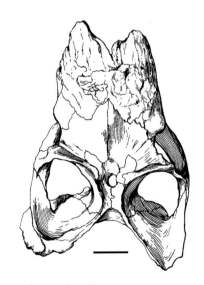

图 40　杨氏副肯氏兽 *Parakannemeyeria youngi*
幼年个体头骨（IVPP V 981）：顶面视。比例尺 = 5 cm
（引自孙艾玲，1963）

的头后骨骼（仅脊柱部分受压）。山西武乡楼则峪龙幻沟。IVPP V 981，一较完整的头骨；IVPP V 982，左肩胛骨、左肱骨、左齿骨、左髂骨、右坐骨、左股骨和右胫骨。山西武乡楼则峪西什洼。

鉴别特征　头骨前后弯曲，头顶穹窿形。吻较钝，吻部表面有匙形凹面。前顶骨不存在。间顶骨和顶骨在间颞部呈窄条出露，它们未形成具刀状背缘的顶脊。枕平面极宽大，枕宽为头长之80%，枕高为枕宽之70%。四肢的长骨适度扁平。

产地与层位　山西武乡，中三叠统二马营组。

评注　孙艾玲（1963）指出：归入标本（IVPP V 981 和 V 982）与副肯氏兽杨氏种的正型头骨（V 978）产自同一地点，两者骨骼相互混杂在一起，故将它们归入了此属此种。从头骨上很清楚的骨缝以及骨化不完善的肢骨骨髁看来，V 981 和 V 982 显然代表一个未成年个体。

宁武副肯氏兽 *Parakannemeyeria ningwuensis* Sun, 1963
（图 41）

Parakannemeyeria xingxianensis：程政武，1980

正模　IVPP V 983，一完整的头骨及与之关连的下颌。山西宁武大场。

归入标本　IGCAGS V 317，一不完整的头骨和近于完整的下颌、零散的头后骨骼（包括一颈椎、一背椎、胸骨、不完整的左右肱骨、肩胛骨的近端、右尺骨的近端、右胫骨

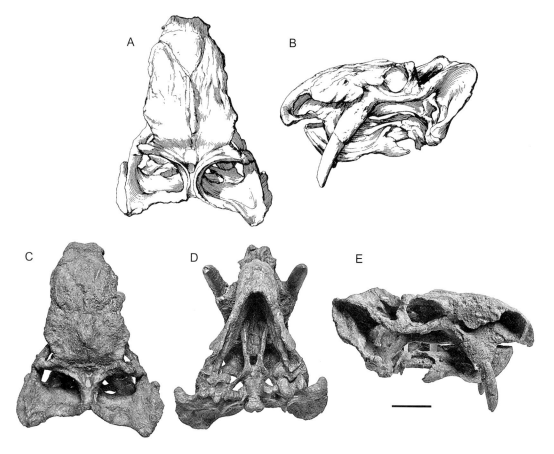

图 41　宁武副肯氏兽 *Parakannemeyeria ningwuensis*
正模（IVPP V 983）：A, C. 头骨顶面视，B. 头骨和下颌左侧视，D. 头骨和下颌腹面视，E. 头骨和下颌右侧视。比例尺＝10 cm（线条图引自孙艾玲，1963）

的近端、不完整的右锁骨和部分前脚指骨）（程政武，1980）。

鉴别特征 头骨较低而扁平。吻强壮，在其前表面具浅的匙形凹面。眼间距为头骨长度的 40%。上颌骨齿突较小而薄，但长牙极粗壮。前顶骨存在。间颞部窄，但较长，顶脊向后上方隆起。间顶骨和顶骨以条带状出露于一对眶后骨之间。枕部较宽，枕高为枕宽的 64% 左右。枕髁横宽，分化较显著。

产地与层位 山西宁武，中三叠统二马营组上部；陕西兴县，下三叠统二马营组底部。

评注 程政武（1980）依据一不完整的头骨和头后骨骼材料（IGCAGS V 317），订立了副肯氏兽的兴县种（*P. xingxianensis*）。程认为兴县标本既具有某些中国肯氏兽属的特征，又有某些特征与副肯氏兽相同，特别是与副肯氏兽的宁武种和杨氏种较接近。Sun 等（1992）将其看作是宁武种的同物异名。归入标本 IGCAGS V 317 现收藏于中国地质博物馆。

神木副肯氏兽 *Parakannemeyeria shenmuensis* Cheng, 1980

（图 42）

正模 IGCAGS V 318，一个不完整的头骨，一颈椎，两背椎，三个愈合在一起的荐椎、胸骨和右肱骨等。陕西神木罗家滩。

鉴别特征 头骨狭长而高，头前部较平，且微向下弯曲。吻部无匙形凹面。额骨在眼眶上方宽，眼间距为头长的 1/3。前顶骨三瓣形，中瓣窄长。具后额骨。间颞部窄而宽，不形成顶脊。间顶骨前伸至顶面。上颌骨齿突瘦长，牙齿细。眼孔大而圆。翼骨腭支和翼骨的方骨支窄长。鳞骨不甚扩张，枕部高而窄，枕宽与枕高大致相等。椎体的脊索凹深，颈椎神经弧呈翼状。肱骨骨干细长，两端扭曲近 90°。

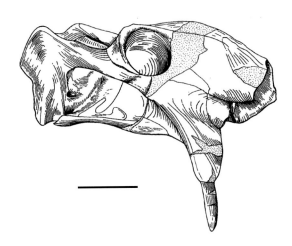

图 42　神木副肯氏兽 *Parakannemeyeria shenmuensis*
正模（IGCAGS V 318）：头骨右侧视。比例尺 = 10 cm（引自程政武，1980）

产地与层位　陕西神木，中三叠统二马营组上部。

评注　正模 IGCAGS V 318 现收藏于中国地质博物馆。

陕北肯氏兽属 Genus *Shaanbeikannemeyeria* Cheng, 1980

模式种　*Shaanbeikannemeyeria xilougouensis* Cheng, 1980

鉴别特征　头骨较大，顶视近三角形。眼前部较短，吻端钝圆。前颌骨和鼻骨表面粗糙，具鼻中棱。上颌骨齿突粗壮，具瘤状粗糙面。犬齿小。颧弓直，断面椭圆形。颞颥孔较大，间颞区长而窄，未形成顶脊。顶骨区与额骨区之间形成明显的角度。枕面宽大，强烈地向前方倾斜。颅基轴短而弯曲。

中国已知种　*Shaanbeikannemeyeria xilougouensis* Cheng, 1980。

分布与时代　陕西府谷戏楼沟，早三叠世。

评注　King（1988）认为陕北肯氏兽很有可能可以被归入肯氏兽属（*Kannemeyeria*），因为几乎没有发现什么可以区别的特征。目前在原化石的产地又发现了一批新的材料，待进行详细的系统分析研究后，再确定陕北肯氏兽是否有独立的属的地位。

戏楼沟陕北肯氏兽 *Shaanbeikannemeyeria xilougouensis* Cheng, 1980

（图 43）

Shaanbeikannemeyeria buerdongia：李锦玲，1980，94 页

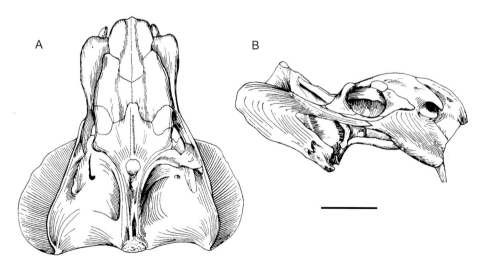

图 43　戏楼沟陕北肯氏兽 *Shaanbeikannemeyeria xilougouensis*

正模（IGCAGS V 315）：A. 头骨顶面视，B. 头骨右侧视。比例尺 = 10 cm （引自程政武，1980）

正模　IGCAGS V 315，一基本完整的头骨。陕西府谷戏楼沟。

归入标本　IVPP V 6033，一顶面受损的头骨、下颌和部分头后骨骼。

鉴别特征　同属。

产地与层位　陕西府谷戏楼沟和内蒙古准格尔旗，下三叠统二马营组底部。

评注　1980 年，李锦玲订立了陕北肯氏兽的布尔洞种（*S. buerdongia*），所依据的头骨保存状态不好，顶面破损，很难与戏楼沟种区分，现将其归并入戏楼沟种。

西域肯氏兽属 Genus *Xiyukannemeyeria* Liu et Li, 2003

模式种　*Xiyukannemeyeria brevirostris* (Sun, 1978) Liu et Li, 2003

鉴别特征　中等大小的肯氏兽类，吻部短且弯曲向下。吻部尖，无匙形凹面，但在最前端有一对小的突起。上颌骨齿突大而厚，牙齿小。额骨组成眼眶上方的极大部分，前额骨位于眼眶的前上方。间颞区短而较宽，具前顶骨。颅基轴平直。枕面不前倾，枕髁分化显著。齿骨缝合部短。隅骨外翼不太向后延伸。肩胛骨上无匙骨沟。

中国已知种　*Xiyukannemeyeria brevirostris* (Sun, 1978) Liu et Li, 2003。

分布与时代　新疆阜康和吐鲁番，中三叠世。

评注　孙艾玲（1978b）订立了副肯氏兽短吻种（*Parakannemeyeria brevirostris*）。刘俊和李锦玲（2003）将中国的两属肯氏兽类（中国肯氏兽和副肯氏兽）的 8 个已知种进行支序分析，结果显示短吻副肯氏兽与中国肯氏兽和副肯氏兽的其他种为姐妹群关系。在将其与肯氏兽类其他相关属（如 *Dinodontosaurus*，*Dolichuranus*，*Rhinodicynodon*，*Uralokannemeyeria* 等）作了进一步的比较后确认，短吻种的材料不同于所有已知的属，以此确立了一独立的属——西域肯氏兽（*Xiyukannemeyeria*）。

短吻西域肯氏兽 *Xiyukannemeyeria brevirostris* (Sun, 1978) Liu et Li, 2003
（图 44）

Parakannemeyeria brevirostris：孙艾玲，1978b，49 页

正模　IVPP V 4457，一完整的头骨、下颌、右肱骨、尺骨和桡骨。新疆阜康黄山街。

副模　IVPP V 4458，9 个埋藏在一起的完整骨架。

归入标本　IVPP V 8311，一不完整的骨架，包括近于完整的头骨和不完整的头后骨骼（刘俊、李锦玲，2003）。

鉴别特征　同属。

产地与层位　新疆阜康黄山街和吐鲁番桃树园沟，中三叠统克拉玛依组。

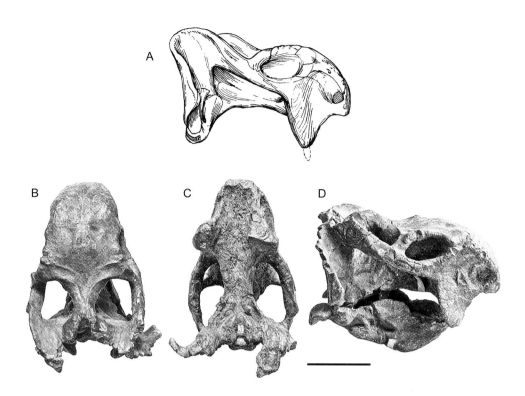

图 44　短吻西域肯氏兽 *Xiyukannemeyeria brevirostris*

正模（IVPP V 4457）：A. 头骨右侧视，B. 头骨顶面视，C. 头骨腭面视，D. 头骨和下颌右侧视。比例尺 = 10 cm（线条图引自孙艾玲，1978b）

兽头亚目 Suborder THEROCEPHALIA Broom, 1903

概述　兽头类是一个比较多样化的类群，可以分为较大的原始的类群，如 Pristerognathidae 和 Whaitsiidae，许多小型的较进步的类型包括 scaloposaurs 及其近亲，以及进步类群包氏兽类（Bauriidae）。早期均为肉食，晚期演化出植食类群。本类群由 Broom 1903 年基于 *Scylacosaurus*, *Ictidosaurus*, *Scymnosaurus* 三属创立。

定义与分类　相对于 *Thrinaxodon liorhinus* Seeley, 1894，与 *Scylacosaurus sclateri* Broom, 1903 亲缘关系更近的所有类群。

由于本类群形态的差异，迄今为止没有一个较稳定的分类系统。一些早期研究者如 Watson 和 Romer（1956）将进步类群归入 Bauriamorpha，与 Therocephalia 并列；Brink（1965）则将进步类群归入与兽头类平级的掘兽类（Scaloposauria）；而 Haughton 和 Brink（1954）则把进步类群和原始类群均归入兽头类，后来基本采纳这种分类。各个研究者对兽头类所包含的科的数目也没有一致意见，各科有哪些属的认识也大相径庭。Brink（1965）将 Scaloposauria 分为 Ictidosuchidae, Scaloposauridae, Bauriidae 3 个科；1972 年则分为 Ictidosuchia 和 Bauriamorpha 两个亚目 5 个科。Hopson 和 Barghusen（1986）认为本类至少可以分为9个科，最原始的是Pristerognathidae；但是Hopson（1991）则认为可能还应该从Pristerognathidae中分出Lycosuchidae。最近Huttenlocker（2009）将兽头类23个属与犬齿兽的2个属以及别的兽孔类一起分析，得出兽头类是一个单系类群，包括了掘兽科（Scylacosauridae）、Akidnognathidae、non-akidnognathid 'whaitsioids'，以及包氏兽超科（Baurioidea）。他分析中没有包括中国的类元。这里就沿用孙艾玲（1991）在评述中国的兽头类时使用的系统。

形态特征 中小型，腭面有成对的眶下窗；犁骨宽大；镫骨无孔，缺乏背突；隔骨反折翼有一自由背缘，表面有从中心区辐射开去的显著脊线；腰肋退化、水平；髂骨有前突；股骨多一转子；指（趾）式与哺乳动物同为2-3-3-3-3。

分布与时代 南非、俄罗斯、中国、南极，中二叠世—早三叠世。

评注 有些学者如Kemp（1972），Botha等（2007）认为犬齿兽类由兽头类演化而来，因而兽头类不是一个单系类群。

包氏兽超科 Superfamily Baurioidea Broom, 1911

鉴别特征 前颌骨在腭面大量出露；前颌骨形成的面板长而低（少数类群除外）；眶前区低，眼眶在头上位置较高；乳突（mastoid process）尖，鳞骨在其中贡献大；齿骨细长；冠状突高；一般6枚上门齿（有些仅4枚）。通常个体较小，骨骼纤细。

中国已知属 中国的兽头类可能都可以归入本超科，包括 *Urumchia* Young, 1952, *Hazhenia* Sun et Hou, 1981, *Ordosiodon* Young, 1961, *Traversodontoides* Young, 1974, *Yikezhaogia* Li, 1984。

分布与时代 南非、俄罗斯、中国、南极，中二叠世—早三叠世。

帕氏兽科 Family Regisauridae Hopson et Barghusen, 1986

鉴别特征 上颌骨腭突与犁骨侧缘相接，形成一短的骨质次生腭。眶后骨弓连续。上门齿每侧多达6枚。犬齿强壮。颊齿可达10枚，较小，相互分离，具极简单的齿冠构造。前犬齿消失。

中国已知属 *Urumchia* Young, 1952 一属。

分布与时代 南非、中国，三叠纪。

乌鲁木齐兽属 Genus *Urumchia* Young, 1952

模式种 *Urumchia lii* Young, 1952

鉴别特征 吻部高而强壮，向前突出明显。次生腭比 *Regisaurus* 短；犁骨前端呈尖突状。齿式：门齿 6/4、犬齿 1/1、颊齿 5/10。颊齿小，侧扁，排列较稀疏，齿尖向后。

中国已知种 仅模式种。

分布与时代 新疆，早三叠世。

评注 在杨钟健的原始描述中，根据李氏乌鲁木齐兽具有的兽头类性质，它曾被推测分布于晚二叠世。其后，这种推测被野外调查所否认，化石产出层位应属于早三叠世的韭菜园组。头骨的再研究表明乌鲁木齐兽和南非水龙兽带的 *Regisaurus* 具有很大的相似度。

李氏乌鲁木齐兽 *Urumchia lii* Young, 1952

(图 45)

正模 IVPP V 702，一个缺失眶后部的头骨和下颌。新疆乌鲁木齐妖魔山（雅玛里克山）。

鉴别特征 同属。

产地与层位 新疆乌鲁木齐妖魔山，下三叠统韭菜园组。

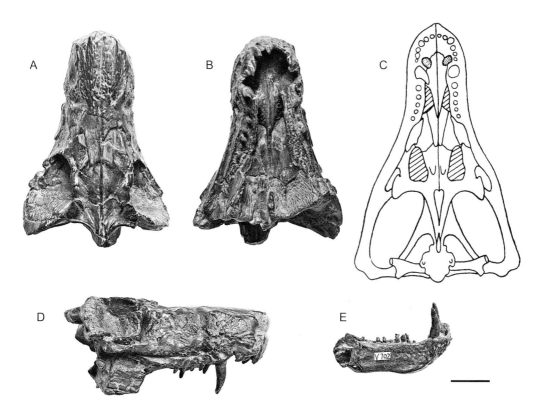

图 45 李氏乌鲁木齐兽 *Urumchia lii*

正模 (IVPP V 702)：A. 头骨背视，B. 头骨腭面视，C. 头骨腹面复原图，D. 头骨右侧视，E. 下颌右侧视。
比例尺 = 2 cm（线条图引自孙艾玲，1991）

评注　模式标本的头骨在寄往国外研究后遗失，仅存模型。

鄂尔多斯兽科 Family Ordosiidae Hou, 1979

鉴别特征　吻部低而长。颞孔远大于眼孔。腭面上两侧上颌骨的腭突在中线相遇。次生腭较长于 Regisauridae 者。上门齿数目减至 4 枚。犬齿仍十分发育。前部颊齿细小，后部颊齿开始增大并加宽，具明显齿冠构造。眶后骨弓一般不完全。

中国已知属　*Hazhenia* Sun et Hou, 1981 和 *Ordosiodon* Young, 1961。

分布与时代　中国，三叠纪。

哈镇兽属 Genus *Hazhenia* Sun et Hou, 1981

模式种　*Hazhenia concava* Sun et Hou, 1981

鉴别特征　头骨长而低；眶后骨弓不连续；腭孔长圆形，基蝶 - 副蝶骨棱（keel of parabasisphenoid）长而尖锐；下犬齿极长而弯曲，口闭合时直穿透头骨顶盖。颊齿较小，具一发育完好的齿尖，位于齿冠前缘外侧，颊齿彼此之间的间隙较大。

中国已知种　*Hazhenia concava* Sun et Hou, 1981。

分布与时代　陕西，早三叠世。

凹进哈镇兽 *Hazhenia concava* Sun et Hou, 1981

（图 46）

正模　IVPP V 5866，带有下颌的完整头骨，和部分颅后骨骼。陕西府谷哈镇。

鉴别特征　同属。

产地与层位　陕西府谷哈镇，下三叠统和尚沟组。

河套兽属 Genus *Ordosiodon* Young, 1961

模式种　*Ordosiodon lincheyuensis* Young, 1961

鉴别特征　头骨和吻部较短；眶后骨弓不完整；下犬齿不穿透头骨顶盖，并开始退缩。颊齿比哈镇兽有所增大。

中国已知种　*Ordosiodon lincheyuensis* Young, 1961, *O. youngi* (Hou, 1979) Sigogneau-Russell et Sun, 1981。

分布与时代　山西保德和内蒙古准格尔旗，早三叠世。

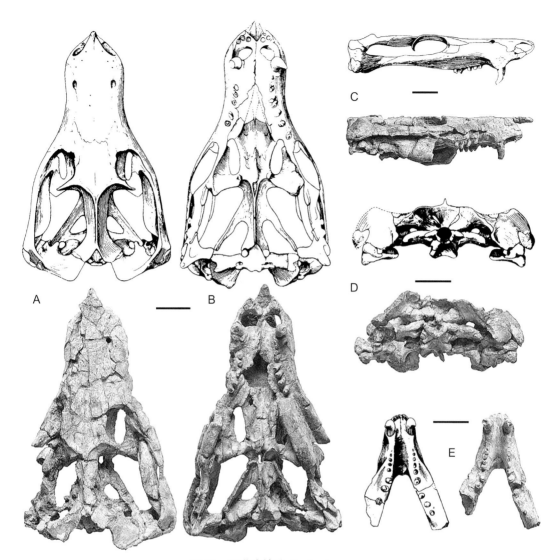

图 46　凹进哈镇兽 *Hazhenia concave*

正模（IVPP V 5866）：A. 头骨背视，B. 头骨腹面视，C. 头骨右侧视，D. 头骨枕面视，E. 下颌背视。比例
尺 = 2 cm （引自孙艾玲、侯连海，1981）

林遮峪河套兽 *Ordosiodon lincheyuensis* Young, 1961

（图 47）

正模　IVPP V 2483，一个带有 12 颗破损牙齿或齿槽的破碎左下颌支。山西保德。

鉴别特征　犬齿大；齿间隙不存在；具 11 颗颊齿。

产地与层位　山西保德林遮峪，中三叠统二马营组下部。

评注　标本曾被当作是 diademodontid 形犬齿兽类。杨钟健（1961）指出它有一系列的特征区别于其他犬齿兽类，如缺乏齿隙，几乎未横向变扁的犬齿和具特殊特征的牙齿。实际上，这些吻合兽头类的特征。

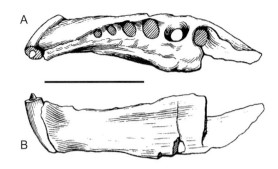

图 47　林遮峪河套兽 *Ordosiodon lincheyuensis*

正模（IVPP V 2483）：A. 左下颌支背视，B. 左下颌支外侧视。比例尺 = 2 cm（引自 Li et al., 2008）

杨氏河套兽 *Ordosiodon youngi* (Hou, 1979) Sigogneau-Russell et Sun, 1981

（图 48）

Ordosia youngi：侯连海，1979，122 页

正模　IVPP V 4792，一不完整的头骨和下颌，及部分头后骨骼。内蒙古准格尔旗。

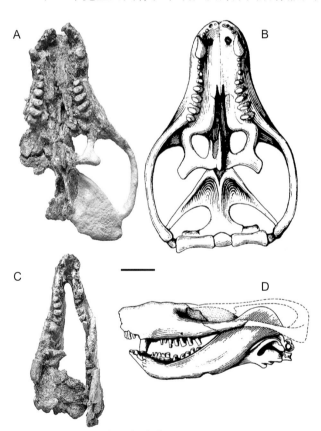

图 48　杨氏河套兽 *Ordosiodon youngi*

正模（IVPP V 4792）：A. 头骨腭面视，B. 头骨腭面复原图，C. 下颌顶面视，D. 头骨和下颌左侧视复原图。
比例尺 = 2 cm（线条图引自侯连海，1979）

鉴别特征　上门齿不扩大；后部颊齿的齿冠在基部极大地横向扩展，向顶端变窄；吻部显著短于哈镇兽。

产地与层位　内蒙古准格尔旗，下三叠统二马营组底部。

评注　在侯连海（1979）对 IVPP V 4792 的原始描述中，他为标本建立了一个新属——鄂尔多斯兽属。Sigogneau-Russell 和 Sun（1981）将它修订为河套兽，但未叙述理由。孙艾玲（1991）认为杨氏鄂尔多斯兽和林遮峪河套兽的下齿系十分相似，下颌联合部均比哈镇兽短；但是杨氏种的下颌要高窄些。她建议暂时保留杨氏种。

包氏兽科 Family Bauriidae Broom, 1911

鉴别特征　骨质次生腭发育极佳，两侧上颌骨腭板彼此相连接。门齿增大。犬齿退缩。颊齿极度增大并增宽，排列紧密无间隙。齿系内凹。

中国已知属　*Traversodontoides* Young, 1974 一属。

分布与时代　中国、南非和俄罗斯，三叠纪。

似横齿兽属 Genus *Traversodontoides* Young, 1974

模式种　*Traversodontoides wangwuensis* Young, 1974

鉴别特征　体形较包氏兽大；松果孔存在；顶脊和枕脊尖锐；顶骨后缘截平；颊齿冠增宽程度较包氏兽小，后部颊齿齿冠面上有左右两个齿尖。

中国已知种　*Traversodontoides wangwuensis* Young, 1974。

分布与时代　河南济源，中三叠世。

评注　将 *Traversodontoides* 的中文名称改为"似横齿兽属"最早出现于《中国脊椎动物化石手册》（1979）中，它显然比命名时使用的"似粗弯齿兽"与拉丁名称 *Traversodontoides* 更为贴切。

王屋似横齿兽 *Traversodontoides wangwuensis* Young, 1974

(图 49)

正模　IVPP V 4068，一个不完整的头骨带有部分头后骨骼。河南济源。

鉴别特征　同属。

产地与层位　河南济源大峪，中三叠统二马营组上部。

评注　王屋似横齿兽起初被视为横齿犬齿兽类（traversodontids）的成员（杨钟健，1974b）。孙艾玲（1981）重新研究了该标本，根据眶下窗的存在、颧弓不加深、前额骨

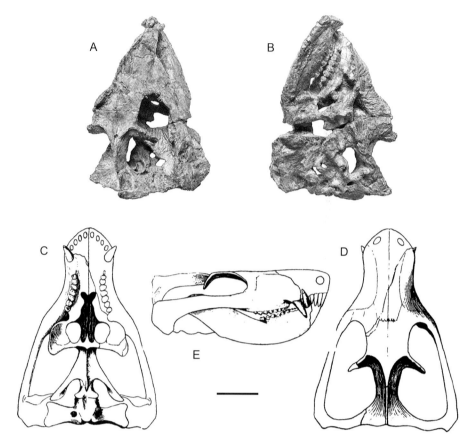

图 49　王屋似横齿兽 *Traversodontoides wangwuensis*

正模（IVPP V 4068）：A. 头骨及下颌背侧视，B. 头骨及下颌腹视，C. 头骨腭面复原图，D. 头骨背视复原图，
E. 头骨和下颌右侧视复原图。比例尺 = 4 cm（复原图引自孙艾玲，1981）

和眶后骨不接触、眶后骨弓不连续以及齿骨冠状突不发育等特征，确定其为包氏兽形兽
头类。

分类位置不明的兽头类 Therocephalia incertae sedis

伊克昭兽属 Genus *Yikezhaogia* Li, 1984

模式种　*Yikezhaogia megafenestrala* Li, 1984

鉴别特征　头和吻部较短；眼孔三角形；颞孔四方形。眶后骨弓连续。颧弓极细弱。
顶孔存在。下颌极长而纤维，腹缘平直、冠状突极低，侧面有向前下方延伸的隆起。犬
齿强壮；颊齿呈简单圆锥状，齿尖钝圆。颊齿排列紧密，集中于齿骨前部。

中国已知种　*Yikezhaogia megafenestrala* Li, 1984。

分布与时代　内蒙古准格尔旗，早三叠世。

<h2 style="text-align:center">大孔伊克昭兽 Yikezhaogia megafenestrala Li, 1984</h2>

(图 50)

正模 IVPP V 7250，一个带有下颌的不完整头骨和部分颅后骨成分。内蒙古准格尔旗。

鉴别特征 同属。

产地与层位 内蒙古准格尔旗，下三叠统二马营组底部。

评注 李雨和（1984）将大孔伊克昭兽与 *Ictidosuchoides* 和 *Olivieria* 比较，并将其归入 Ictidosuchidae 科（鼬鳄科）。然而，由于缺乏腭面以及后部头骨信息，孙艾玲（1991）将其置为科未定。后来 Sun 等（1992）又认为其齿系很特殊，与已知的其他兽孔类都不同。虽然许多重要特征没有保存，但其齿骨冠状突侧面有向前下方延伸的隆起，表明它很可能属于 Euchambersiidae (=Akidnognathidae)。

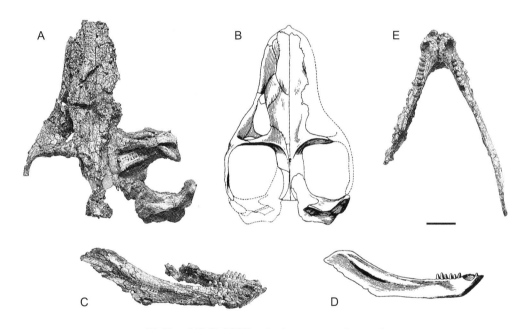

图 50　大孔伊克昭兽 Yikezhaogia megafenestrala

正模（IVPP V 7250）：A. 头骨背视，B. 头骨复原图，C. 下颌侧视照片，D. 右下颌支外侧视，E. 下颌背视。比例尺 = 2 cm（线条图引自李雨和，1984）

犬齿兽亚目 Suborder CYNODONTIA Owen, 1861

概述 犬齿兽是 Owen 1861年根据 *Galesaurus planiceps* 建立的，最初被归入 Anomodontia。与 Lycosauria 以及 Gomphodontia 共同组成兽齿类 (Theriodontia) (Seeley, 1894)。Gregory (1910) 以及 Broom (1913) 将其归入兽孔类。如今本类群依然归入兽孔类下的兽齿类。按严格单系而言，哺乳类属于本类群。

定义与分类　相对于 *Scylacosaurus sclateri* Broom, 1903，与 *Galesaurus planiceps* Owen, 1860 亲缘关系更近的所有类群。

主要可以分为原始的原犬鳄兽科（Procynosuchidae）、盔兽科（Galesauridae）以及进步的真犬齿兽类（Eucynodontia）；后者包括 Cynognathia 以及 Probainognathia。三列齿兽类 Tritylodontidae 按照最新的分类属于 Probainognathia 而不是 Cynognathia。

形态特征　颧弓加深并向侧向展开，齿骨外侧发育收肌窝（adductor fossa）；颞孔之间的矢状脊有深的侧面，用于附着颞肌；隅骨反折翼小；方骨以及关节骨小；齿系分化为不带锯齿的门齿和犬齿，以及颊齿；上翼骨很大，是脑匣侧壁的主要骨骼；双枕髁；脊柱中胸腰椎显著分化；肩胛骨显著外弯，乌喙骨小；髂骨显著向前延伸，耻骨变小；股骨头内弯，大小转子发育。

分布与时代　全球，二叠纪至今；非哺乳动物的犬齿兽类，二叠纪至白垩纪。我国犬齿兽类均可归入三尖叉齿兽科、三脊齿兽科和三列齿兽科。

三尖叉齿兽科 Family Thrinaxodontidae Watson et Romer, 1956

定义与分类　本科起初与盔兽科概念相当，后来 Battail（1991）正式启用这个 Watson 和 Romer（1956）使用的名称来包括以下属种：*Thrinaxodon liorhinus, Nanictosaurus rubidgei, Nanocynodon seductus, Bolotridon frerensis, Platycraniellus elegans*。近年 Ivakhnenko（2012）将 *Uralocynodon tverdokhlebovae* 以及 *Novocynodon kutorgai* 归入本科。本科可能不是一个单系类群。

鉴别特征　小型，鳞骨侧向覆盖方轭骨，次生腭一般完全封闭，小的翼骨间窝至少在幼年存在，齿骨小但具有高的冠状突，4 个上门齿，3 个下门齿，上颌骨上在犬齿前无齿，犬后齿与原犬鳄兽类的相似但是更侧扁。

分布与时代　非洲、俄罗斯、中国，大多是二叠纪末期到早三叠世，不过 *Novocynodon* 为中二叠世。

三尖叉齿兽科属种未定 Thrinaxodontidae gen. et sp. indet.
(图 51)

材料　IVPP V 4019.1，一个小牙齿。

产地与层位　河南济源大峪槐坞塔梁，上二叠统上石盒子组靠顶部。

评注　杨钟健（1979）在研究河南济源晚二叠世脊椎动物群时，根据 3 颗牙齿（IVPP V 4019）命名了多尖黄河犬齿兽 *Hwanghocynodon multienspidus*，将其归入犬齿兽亚目原犬鳄科（Procynosuchidae）。据后人观察，标本中的第二（IVPP V 4019.2）和第三（IVPP V

4019.3）颗牙齿应属于锯齿龙类；仅第一颗牙齿（IVPP V 4019.1）可以归入犬齿兽类。它有一个弯曲的主尖，两侧下方各有一个小尖，还有三个小瘤。目前所知它仅与 *Nanictosaurus*、*Thrinaxodon* 等的牙齿形态相似，所以归入本科。不过由于材料保存信息太少，无足够的鉴别特征来支持属种的成立。

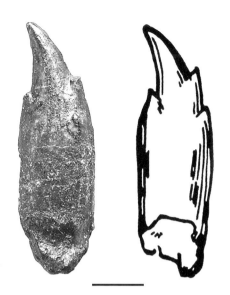

图 51　三尖叉齿兽科属种未定
Thrinaxodontidae gen. et sp. indet.
IVPP V 4019.1，牙齿舌面观。比例尺 =
2 mm（线条图引自杨钟健，1979）

三脊齿兽科 Family Trirachodontidae Crompton, 1972

定义与分类　Hopson 和 Kitching (1972) 建立了 Trirachodontinae 以包括 *Triracodon* 和 *Cricodon* 以及 *Sinognathus*；同年 Crompton (1972) 使用了 Trirachodontidae。近年来 *Langbergia* (Abdala et al., 2006) 以及 *Beishanodon* (Gao et al., 2010) 相继归入了本科。高克勤等还建立了新亚科 Sinognathinae。

鉴别特征　颊齿横向加宽；下颊齿横嵴上有三个齿尖；颞孔宽度前后相当；上颊齿主齿尖内表面与下颊齿主齿尖外表面间无剪切面。

中国已知属　*Sinognathus* Young, 1959 和 *Beishanodon* Gao, Fox, Zhou et Li, 2010 两属。

分布与时代　非洲、中国、印度（?），三叠纪。

中国颌兽属 Genus *Sinognathus* Young, 1959

模式种　*Sinognathus gracilis* Young, 1959

鉴别特征　头骨宽，吻短，眼眶小而圆；颞孔宽大，占头长之半；眶后骨弓完整；顶脊长而锐；颧弓适度发育，前腹缘平滑，无隆起；齿骨冠状突发育，背缘长而平直。颊齿横脊位于中部，前后脊不甚发育，无小瘤构造。下颊齿明显窄于上颊齿。

中国已知种　*Sinognathus gracilis* Young, 1959。

分布与时代　山西武乡，中三叠世。

评注　杨钟健（1959）订立中国颌兽属时，因标本的颊齿未暴露将其归入 Cynosuchidae；Hopson 和 Kitching (1972) 认为标本具有阔齿兽类的颊齿，改变其分类位置为 Trirachodontinae incertae sedis。孙艾玲（1988）将化石重新修理后证实了这种分类。

完美中国颌兽 *Sinognathus gracilis* Young, 1959

（图 52）

正模　IVPP V 2339，带有下颌的头骨。山西武乡石壁。

鉴别特征　同属。

产地与层位　山西武乡，中三叠统二马营组上部。

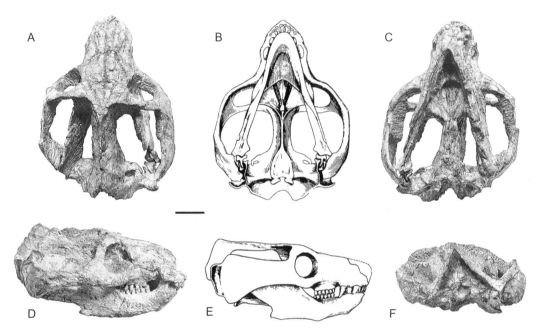

图 52　完美中国颌兽 *Sinognathus gracilis*

正模（IVPP V 2339）：A. 头骨及下颌背视，B, C. 头骨及下颌腹视，D, E. 头骨及下颌右侧视，F. 头骨枕面视。比例尺＝2 cm （线条图引自孙艾玲，1988）

北山兽属 Genus *Beishanodon* Gao, Fox, Zhou et Li, 2010

模式种　*Beishanodon youngi* Gao, Fox, Zhou et Li, 2010

鉴别特征　与中国颌兽相比额骨三角形的侧突接近但不进入眼眶背缘，颞间嵴短，只有扩大的颞孔的一半长；骨质次生腭后边缘直；门齿根部唇舌向膨大；上犬齿位于侧犬齿窝侧向；上颊齿 8 个，横脊位置靠后；上颌齿列终止于眼眶前缘之前；大腭孔贯穿腭骨中部。

中国已知种　*Beishanodon youngi* Gao, Fox, Zhou et Li, 2010。

分布与时代　甘肃肃北，早三叠世。

杨氏北山兽 *Beishanodon youngi* Gao, Fox, Zhou et Li, 2010

(图 53)

正模 PKUP V 3007, 不全头骨。甘肃肃北北山。

鉴别特征 同属。

产地与层位 甘肃肃北北山, 下三叠统红岩井组。

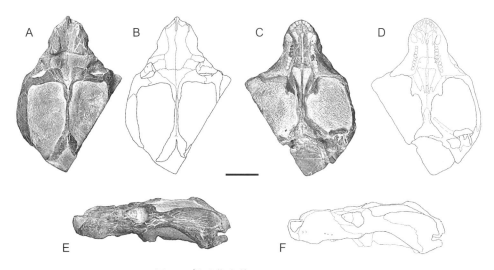

图 53 杨氏北山兽 *Beishanodon youngi*

正模 (PKUP V 3007): A, B. 头骨背视, C, D. 头骨腹视, E, F. 头骨左侧视。比例尺 = 5 cm (引自 Gao et al., 2010)

三列齿兽科 Family Tritylodontidae Cope, 1884

定义与分类 三列齿兽类是一类植食动物, 起初被认为是哺乳动物的多瘤齿兽 (Multituberculata) 的一个科 (Cope, 1884)。后来 Haughton 和 Brink (1954) 将三列齿兽类归入犬齿兽类中。Crompton 和 Ellenberger (1957) 提出三列齿兽类起源于横齿兽类 (traversodontids), 不过 Kemp (1983) 提出三列齿兽类与哺乳动物关系比 *Probainognathus* 更近, 最近的研究也支持后一种观点 (Liu et Olsen, 2010)。

鉴别特征 高度特化的中生代犬齿兽。门齿大, 犬齿缺失, 有显著齿隙; 近方形的颊齿, 上颊齿具有三列新月形的齿尖, 下颊齿齿尖两列。

中国已知属 *Bienotherium* Young, 1940, *Bienotheroides* Young, 1982, *Dianzhongia* Cui, 1981, *Lufengia* Chow et Hu, 1959, *Oligokyphus* Hennig, 1922, *Polistodon* He et Cai, 1984, *Yuanotherium* Hu, Meng et Clark, 2009, *Yunnanodon* Cui, 1976, 共 8 属。

分布与时代 全球, 早侏罗世到早白垩世, 晚三叠世的存在尚存争议。

卞氏兽属 Genus *Bienotherium* Young, 1940

模式种 *Bienotherium yunnanense* Young, 1940

鉴别特征 头骨和下颌强壮；顶脊显著上扬；上颌骨在侧面和腭面明显地暴露；颧弓无显著加深；齿尖式为 2-3-3，可能有额外的齿尖；颊齿外形为斜方形；齿隙相当长；下颊齿具前后两个双根。

卞氏兽以下列特征与禄丰兽和滇中兽区别：齿尖具更短的脊（crests）；舌侧发育一个很大的后尖；更多地锥形（更少地新月形）齿尖存在于舌侧和颊侧。卞氏兽的下颊齿的舌侧和颊侧具两个新月形齿尖，下前尖明显大于下后尖。第三齿尖可能存在于某些牙齿最末齿列的前方。

中国已知种 *Bienotherium yunnanense* Young, 1940, *B. magnum* Chow, 1962。

分布与时代 云南禄丰，早侏罗世。

云南卞氏兽 *Bienotherium yunnanense* Young, 1940

（图 54）

Bienotherium elegans：Young, 1940, 105 页

Oligokyphus sinensis：杨钟健, 1974a, 113 页

正模 IVPP V 1，一个带有下颌的近于完整的头骨。云南禄丰。

副模 IVPP V 2, 头骨；IVPP V 3–4 两个上颌；IVPP V 5–9 破碎的下颌；IVPP V 10–11 两个肱骨；IVPP V 12–13 两个股骨；IVPP V 14 一个脊椎；IVPP V 65 一对下颌；IVPP V 67 破碎的上下颌、脊椎以及肢骨。

归入标本 IVPP V 4009，一右下颌（杨钟健, 1974a）。

鉴别特征 头骨结构在三列齿兽类中原始；方骨具一后背突；吻部长；前颌骨并不像禄丰兽、似卞氏兽，以及 *Kayentatherium* 的前颌骨那样扩展；上颌骨很大。卞氏兽以其前颌骨和上颌骨的相对比例，能够同禄丰兽其或滇中兽相区分。

产地与层位 云南禄丰，下侏罗统下禄丰组的暗紫色岩层。

评注 Young（1940）基于标本 IVPP V 2 的纤细度，订立了卞氏兽的优美种（*B. elegans*）。优美卞氏兽的正型标本保存状况显示出其受到了后期的挤压，Hopson 和 Kitching（1972）认为这是一个云南卞氏兽的未成年个体。

杨钟健（1974a）根据来自上禄丰组的一个保存很差的部分齿列（IVPP V 4009）建立了中国渐凸兽（*Oligokyphus sinensis*）。Sues（1985）认为这个中国渐凸兽可能是云南卞氏兽的一个未成年标本。

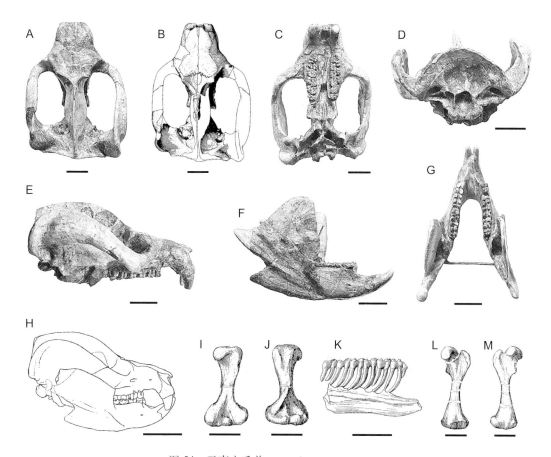

图 54 云南卞氏兽 *Bienotherium yunnanense*

正模（IVPP V 1）：A, B. 头骨背视，C. 头骨腹视，D. 头骨枕视，E. 头骨右侧视，F. 下颌右侧视，G. 下颌背视，H. 头骨及下颌侧视图，I, J. 肱骨（IVPP V 11，副模）前视和后视，K. 下颊齿列（IVPP V 8537）侧视，L, M. 股骨（IVPP V 12，副模）背视和腹视。比例尺 = 2 cm（线条图K引自崔贵海和孙艾玲，1987，其余线条图引自Young, 1947）

崔贵海和孙艾玲（1987）在讨论三列齿类颊齿齿根的文章中，详细描述了卞氏兽属材料上下颊齿的齿根数量、结构和分布等。依据的材料是产自云南禄丰下禄丰组暗紫色层的一段带 6 枚颊齿的右上颌骨（IVPP V 8536）和一段带 6 枚颊齿的右下颌骨（IVPP V 8537）。

巨卞氏兽 *Bienotherium magnum* Chow, 1962

（图 55）

正模　GMC V 1037，一个上颌碎片。云南禄丰。

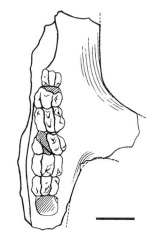

图 55　巨卞氏兽 *Bienotherium magnum*
正模（GMC V 1037）：上颌腹视。
比例尺 = 2 cm（引自周明镇，1962）

鉴别特征　个体十分强壮巨大。

产地与层位　云南禄丰黑果蓬，下侏罗统下禄丰组的深红层。

评注　不排除是云南卞氏兽的大个体。

禄丰兽属 Genus *Lufengia* Chow et Hu, 1959

模式种　*Lufengia delicate* Chow et Hu, 1959

鉴别特征　小型三列齿兽类；吻部窄而尖；额区扁平；矢状脊不发育；颧弓纤细；颊齿宽大于长；齿尖式 2-3-3，前部颊齿的后齿根退化。

禄丰兽是下禄丰组已知最小的三列齿形动物。可以由下列特征与卞氏兽区分：第

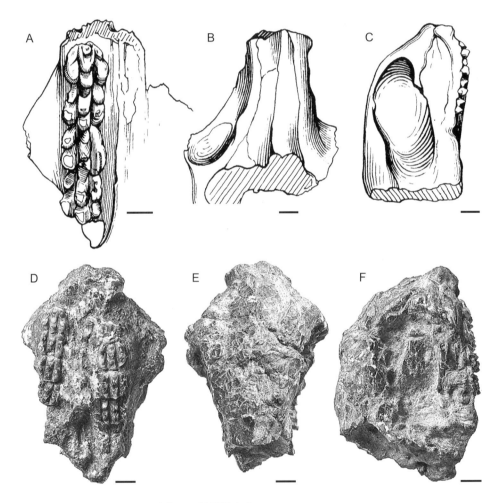

图 56　纤弱禄丰兽 *Lufengia delicate*

正模（GMC V 0009）：A. 齿列冠面视，B. 不完整头骨背视，C. 不完整头骨右侧视；归入标本（IVPP V 3235）：D不完整头骨腹视，E. 不完整头骨背视，F. 不完整头骨右侧视。比例尺 = 2 cm（线条图引自 Chow et Hu, 1959）

一，与卞氏兽相比后舌侧齿尖小，而且与中舌齿尖更紧密。第二，每个上颊齿有五个齿根；后排中间的齿根十分退化。第三，与卞氏兽相比连接上颊齿齿根基部的横向齿质板（transverse dentine sheet）更好地发育。第四，卞氏兽的下颊齿齿根横向变宽并具一中沟，显示每个齿根由两个原始分离的齿根融合而成；禄丰兽的下颊齿齿根则更加呈圆柱状。

中国已知种　*Lufengia delicate* Chow et Hu, 1959。

分布与时代　云南禄丰，早侏罗世。

纤弱禄丰兽 *Lufengia delicate* Chow et Hu, 1959

（图 56）

正模　GMC V 0009，一头骨的前部。云南禄丰。

归入标本　IVPP V 3235，一头骨的中部。

鉴别特征　同属。

产地与层位　云南禄丰黑果蓬，下侏罗统下禄丰组的深红层。

评注　崔贵海和孙艾玲（1987）在讨论三列齿类颊齿齿根的文章中，详细描述了禄丰兽属材料上下颊齿的齿根数量、结构和分布等。依据的材料是产自云南禄丰下禄丰组深红层的一破碎头骨，具上颊齿 4 枚、下颊齿 5 枚（IVPP V 8538）和右上颊齿 1 枚（IVPP V 8539）。

袁氏兽属 Genus *Yuanotherium* Hu, Meng et Clark, 2009

模式种　*Yuanotherium minor* Hu, Meng et Clark, 2009

鉴别特征　第二、三上颊齿齿尖式 2-4-3；不同于其余三列齿兽，其上颊齿中列最后两个齿尖紧贴在一起；齿尖高而细（可能是缺乏磨蚀）；唇舌侧扁平；后唇尖有显著后脊。

中国已知种　*Yuanotherium minor* Hu, Meng et Clark, 2009。

分布与时代　新疆准噶尔盆地，晚侏罗世。

小袁氏兽 *Yuanotherium minor* Hu, Meng et Clark, 2009

（图 57）

正模　IVPP V 15335，带前三枚颊齿的左上颌。新疆准噶尔盆地五彩湾。

鉴别特征　同属。

产地与层位　新疆准噶尔盆地五彩湾，上侏罗统石树沟组上部。

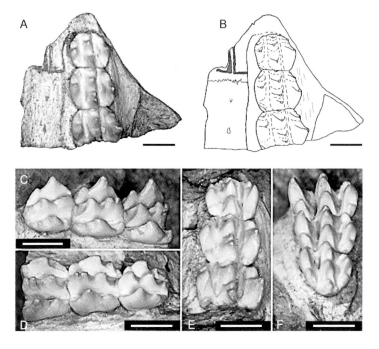

图 57 小袁氏兽 *Yuanotherium minor*

正模 （IVPP V15335）：A, B. 齿冠冠面视, C. 齿冠舌侧视, D. 齿冠唇侧视, E. 齿冠远侧视, F. 齿冠中侧视。
比例尺＝2 mm（引自 Hu et al., 2009）

渐凸兽属 Genus *Oligokyphus* Hennig, 1922

模式种 *Oligokyphus triserialis* Hennig, 1922

鉴别特征 下颊齿每个齿尖列有三个主要齿尖。

中国已知种 *Oligokyphus lufengensis* Luo et Sun, 1993。

分布与时代 欧洲、美国、中国，早侏罗世。

禄丰渐凸兽 *Oligokyphus lufengensis* Luo et Sun, 1993

（图 58）

Lufengia delicate：杨钟健，1974a，112 页

正模 IVPP V 4008，一个破碎的吻部和一个不完整的下颌，有 4 颗下颊齿。云南禄丰大冲。

鉴别特征 下颊齿缺乏前齿带。

产地与层位 云南禄丰大冲，下侏罗统下禄丰组暗紫色层。

评注 经过对 IVPP V 4008 化石的进一步修理，Luo 和 Sun（1993）认为它的犬后齿

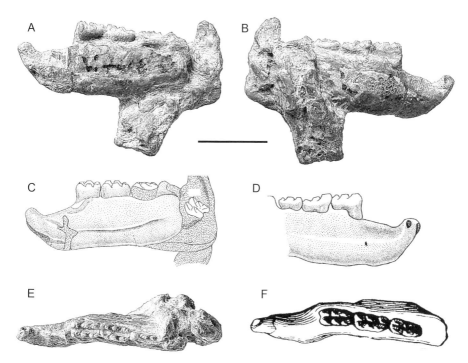

图 58　禄丰渐凸兽 *Oligokyphus lufengensis*

正模（IVPP V 4008）：A，C. 右下颌支内侧视，B，D. 右下颌支外侧视，E，F. 右下颌支背视。比例尺 = 1 cm

（线条图 C 和 D 引自 Luo et Sun, 1993；线条图 F 引自 Sun et al., 1992）

结构区别于所有其他的三列齿兽类，而与产自德国、英国和北美的 *Oligokyphus* 最为相似。

似卞氏兽属 Genus *Bienotheroides* Young (=Yang), 1982

模式种　*Bienotheroides wansienensis* Young (=Yang), 1982

鉴别特征　头骨宽而短，吻部极短；颧骨向下伸展、颧弓极宽大；上颌骨退缩；前颌骨与泪骨和腭骨分别在侧、腹面直接接触；颅基轴宽短、平坦，无棱脊构造；齿间隙几乎不存在；上颊齿齿尖式为 2-3-3 至 2-2-2；下颊齿单根。枢椎椎体小于环椎椎体；间锁骨近端平直；肩胛骨具有雏形冈上窝（supraspinatus fossa），肩峰发育；股骨头近圆形，向内侧突出，并稍向背方。

中国已知种　*Bienotheroides wansienensis* Young (=Yang), 1982, *B. zigongensis* Sun, 1986。

分布与时代　重庆、新疆，中晚侏罗世。

万县似卞氏兽 *Bienotheroides wansienensis* Young (=Yang), 1982

（图 59）

正模　IVPP V 4734，一个带有下颌的完整头骨。重庆万州区高岭。

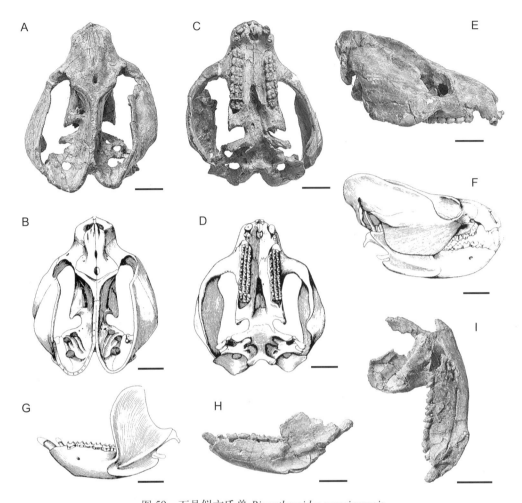

图 59　万县似卞氏兽 *Bienotheroides wansienensis*

正模（IVPP V 4734）：A, B. 头骨背视，C, D. 头骨腹视，E. 头骨右侧视，F. 头骨和下颌右侧视，G, H. 左下颌支外侧视，I. 右下颌支内侧视。比例尺 = 2 cm （线条图引自孙艾玲，1984）

鉴别特征　上颊齿齿尖退化，每个齿尖列有两个主要齿尖和其前方的一个小尖。

产地与层位　重庆，上侏罗统上沙溪庙组。

自贡似卞氏兽 *Bienotheroides zigongensis* Sun, 1986

（图 60）

Bienotheroides ultimus：Maisch et al., 2004, p. 649

正模　ZDM 8602，一带有左下颌的不完整头骨。四川自贡大山铺。

归入标本　IVPP V 7909，不完整头骨、左股骨、左肱骨近端，4个尾椎和一些肢骨碎块；IVPP V 7910风化了的头骨，较完整下颌；IVPP V 7911头骨前部下颌大部；IVPP

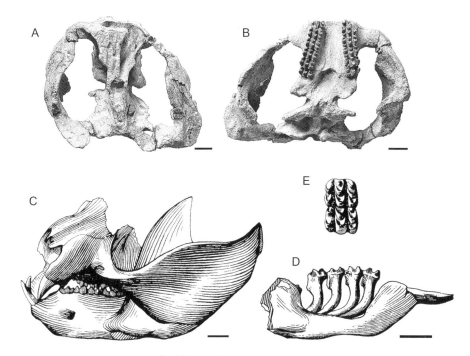

图 60 自贡似卞氏兽 *Bienotheroides zigongensis*

正模（ZDM 8602）：A. 头骨背视，B. 头骨腹视，C. 不完整头骨及下颌（IVPP V 7909）左侧视，D. 下颊齿列（IVPP V 7912）侧视，E. 上颊齿（ZDM 8602）冠面视。比例尺 = 2 cm（线条图C引自孙艾玲和崔贵海，1989；线条图D引自崔贵海和孙艾玲，1987；线条图E引自孙艾玲，1986）

V 7912，破碎右侧上下颌、8个脊椎以及肢骨碎片；IVPP V 7913 一方骨、一股骨（?）（孙艾玲、崔贵海，1989）；IVPP V 8545，一枚右上颊齿（崔贵海、孙艾玲，1987）；NIGP（NIGPAS-SGP 1），一不完整骨架，包括两枚门齿、一上颊齿、右颧弓附近的部分骨块，以及部分头后骨骼（Maisch et al., 2004）。

鉴别特征　上颊齿的齿尖式保留 2-3-3；齿骨的隅突长而尖锐；冠状骨的位置前移；方骨和方颧骨比万县种强壮，泪骨不如万县种那样扩大。

产地与层位　四川自贡大山铺，中侏罗统下沙溪庙组；新疆将军庙，中侏罗统五彩湾组和上侏罗统石树沟组。

评注　崔贵海和孙艾玲（1987）在讨论三列齿类颊齿齿根的文章中，详细描述了自贡似卞氏兽上下颊齿的齿根数量、结构和分布等。依据的材料是产自新疆五彩湾组的 IVPP V 7911、IVPP V 7912 和 IVPP V 8545。

多齿兽属 Genus *Polistodon* He et Cai, 1984

模式种　*Polistodon chuannanensis* He et Cai, 1984

鉴别特征　矢状脊低而短；颧弓侧视呈三角形，不像似卞氏兽一样加高扩展；上颊齿达到 13 个，齿尖式为 2-2-2；每列齿尖之前存在一个小尖。

中国已知种　*Polistodon chuannanensis* He et Cai, 1984。

分布与时代　四川自贡，中侏罗世晚期。

川南多齿兽 *Polistodon chuannanensis* He et Cai, 1984

(图 61)

正模　ZDM 8601（原 GCC T 8601），一个带有下颌的完整头骨。四川自贡。

鉴别特征　同属。

产地与层位　四川自贡大山铺，中侏罗统下沙溪庙组。

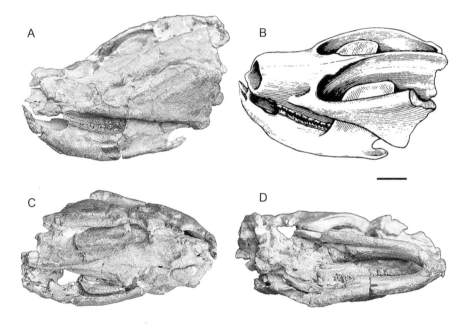

图 61　川南多齿兽 *Polistodon chuannanensis*

正模（ZDM 8601）：A, B. 头骨及下颌左侧视，C. 头骨及下颌背视，D. 头骨及下颌腹视。比例尺 = 2 cm（线条图引自 Sun et al., 1992）

云南兽属 Genus *Yunnanodon* Cui, 1976

模式种　*Yunnanodon brevirostris* Cui, 1976（= *Yunnania brevirostre* Cui, 1976）

鉴别特征　小型三列齿兽类；吻部极短而宽阔；眶前部呈拱形；顶脊低且位置靠后；颧弓十分纤细；颊齿齿尖式为 2-3-2。

中国已知种　仅模式种。

分布与时代　云南，早侏罗世。

评注　命名时为 *Yunnania*，此名称已用于命名一种腹足类，故孙艾玲（1984）将其更名为 *Yunnanodon*。*Yunnanodon* 为阳性，故应将种名的中性词尾 e 更改为 is。

短吻云南兽 *Yunnanodon brevirostris* Cui, 1976

（图 62）

正模　IVPP V 5071，一头骨。云南禄丰大凹。

鉴别特征　同属。

产地与层位　云南禄丰，下侏罗统下禄丰组的深红层。

评注　崔贵海和孙艾玲（1987）在讨论三列齿类颊齿齿根的文章中，详细描述了云南兽材料上下颊齿的齿根数量、结构和分布等。依据的材料是产自云南禄丰下禄丰组的深红层的带有 4 枚上颊齿和 4 枚下颊齿的破碎牙床（IVPP V 8542）和 1 枚左上颊齿（IVPP V 8543）。

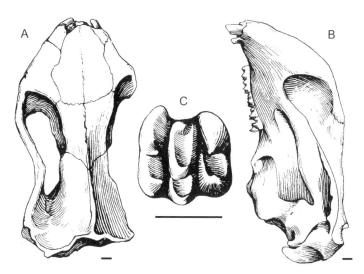

图 62　短吻云南兽 *Yunnanodon brevirostris*

正模（IVPP V 5071）：A. 头骨背视，B. 头骨左侧视，C. 左第四颊齿冠面视。比例尺 = 2 mm（线条图引自崔贵海，1976）

滇中兽属 Genus *Dianzhongia* Cui, 1981

模式种　*Dianzhongia longirostrata* Cui, 1981

鉴别特征　大于云南兽而小于卞氏兽；头骨纤细；吻部健壮而长；齿隙长；7 颗相当小的上颊齿；齿尖式为 2-3-2。

中国已知种　仅模式种。

分布与时代　云南，早侏罗世。

评注　Luo 和 Wu（1994）认为滇中兽的颊齿冠十分类似于禄丰兽的齿尖式 2-3-3。他们指出"可以相信滇中兽代表了禄丰兽的较大个体，两者不同之处在于生长过程中吻部的比例发生了变化。然而，缺少它们头骨合适大小的标本，我们暂时认为滇中兽是一独立的分类单元，有待进一步研究。"

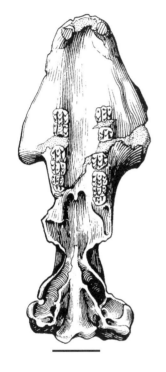

图 63　长吻滇中兽 Dianzhongia longirostrata 正模（IVPP V 5072）：头骨腹视。比例尺 = 1 cm（引自崔贵海，1981）

长吻滇中兽 *Dianzhongia longirostrata* Cui, 1981

（图 63）

正模　IVPP V 5072 (R)，一个缺失颧弓的头骨。云南禄丰张家洼。

鉴别特征　同属。

产地与层位　云南禄丰张家洼，下侏罗统下禄丰组的深红层。

三列齿兽科属种未定 Tritylodontidae gen. et sp. indet.

（图 64）

材料　IVPP V 66，一个左上颌和一个右上颌，一个左下颌，都不完整。

产地与层位　云南禄丰黑果蓬，下禄丰组的

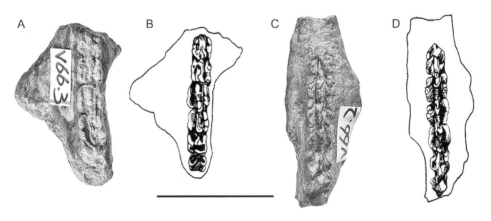

图 64　三列齿兽科属种未定 Tritylodontidae gen.et sp. indet.

A, B. 右上颊齿（IVPP V 66.3）冠面视，C, D. 左上颊齿（IVPP V 66.2）冠面视。比例尺 = 2 cm（插图引自 Young，1947）

深红色岩层。

评注 标本要比云南卞氏兽小很多，但大于禄丰兽和云南兽。Young（1947）据此建立了小云南兽（*Bienotherium minor*）。不过牙齿的保存状况不足以作出判断，尤其作为一个新物种。Hopson 和 Kitching（1972）将其归入禄丰兽，但不很确定。

分类位置不明的下孔类 Synapsida incertae sedis

昆明兽属 Genus *Kunminia* Young, 1947

模式种 *Kunminia minima* Young, 1947

鉴别特征 个体小，吻部短而宽。眶后骨缺失，后额骨和隔颌骨可能存在。前额骨小，泪骨大。脑颅相当发育，无松果孔。下颌低而长，不具明显的上突。上隅骨和关节骨存在。牙齿稍分化，齿式：$I^?C^1Pc^{10}/I^?C^1Pc^{10}$，大多数颊齿钉状，有些出现多齿尖和弱的齿根分化。

中国已知种 *Kunminia minima* Young, 1947。

分布与时代 云南，早侏罗世。

小昆明兽 *Kunminia minima* Young, 1947
（图 65）

正模 IVPP V 70，一个带有下颌的不完整头骨。云南禄丰大荒田。

鉴别特征 同属。

产地与层位 云南禄丰，下侏罗统下禄丰组深红层。

评注 在 Young（1947）的描述中，他暂时将小昆明兽置于 Ictidosauria。Hopson 和 Kitching（1972）将其作为晚出异名，很相似于摩根兽。这个标本的系统位置暂时未确定。

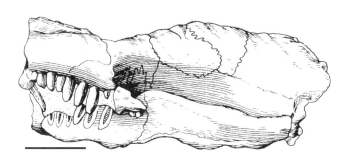

图 65 小昆明兽 *Kunminia minima*

正模（IVPP V 70）：不全头骨及下颌左侧视。比例尺 = 5 mm（引自 Young, 1947）

参 考 文 献

程政武 (Chen Z W). 1980. 七、古脊椎动物化石. 见：中国地质科学院地质研究所. 陕甘宁盆地中生代地层古生物. 北京：地质出版社. 115–188

程政武 (Chen Z W). 1986. 七、脊椎动物化石. 见：中国地质科学院地质研究所，新疆地质矿产局地质科学研究所. 新疆吉木萨尔大龙口二叠三叠纪地层及古生物群. 中华人民共和国地质矿产部地质专报，地层古生物第 3 号. 北京：地质出版社. 207–218

程政武 (Chen Z W). 1989. 第七章第四节 脊椎动物. 见：新疆地质矿产局地质科学研究所，中国地质科学院地质研究所著. 中国天山二叠 - 三叠系界线的研究. 北京：海洋出版社. 140–143

程政武 (Chen Z W), 姬书安 (Ji S A). 1996. 中国晚二叠世原始恐头兽类化石一新属种——甘肃玉门晚二叠世脊椎动物群系列报道之二. 古脊椎动物学报，34(2): 123–134

程政武 (Chen Z W), 李锦玲 (Li J L). 1997. 记原始恐头兽类一新属种——甘肃玉门晚二叠世脊椎动物群系列报道之三. 古脊椎动物学报，35(1): 35–43

崔贵海 (Cui G H). 1976. 云南禄丰兽孔类一新属. 古脊椎动物与古人类，14(2): 85–90

崔贵海 (Cui G H). 1981. 记三列齿科一新属. 古脊椎动物学报，19(1): 5–10

崔贵海 (Cui G H). 1986. 命名更改——以 *Yunnanodon* 代替 *Yunnania* Cui, 1976. 古脊椎动物学报，24: 79

崔贵海 (Cui G H), 孙艾玲 (Sun A L). 1987. 三列齿类的颊齿齿根. 古脊椎动物学报，25(4): 245–259

何信禄 (He X L), 蔡开基 (Cai K J). 1984. 自贡大山铺的三列齿兽化石. 四川自贡大山铺恐龙化石专辑. 成都地质学院学报增刊，2: 33–45

侯连海 (Hou L H). 1979. 内蒙一兽齿类爬行动物. 古脊椎动物与古人类，17(2): 121–130

李锦玲 (Li J L). 1980. 内蒙二马营组发现的肯氏兽类. 古脊椎动物与古人类，18(2): 94–99

李锦玲 (Li J L). 1988. 中国的水龙兽. 古脊椎动物学报，26(4): 241–249

李锦玲 (Li J L). 1989. 陕西府谷前棱蜥类一新属及有关问题的讨论. 古脊椎动物学报，27(4): 248–267

李锦玲 (Li J L), 程政武 (Chen Z W). 1995. 波罗蜥类 (bolosaurs) 在中国上二叠统的发现——甘肃玉门晚二叠世脊椎动物群系列报道之一. 古脊椎动物学报，33(1): 17–23

李锦玲 (Li J L), 程政武 (Chen Z W). 1997a. 始巨鳄类 (兽孔目，下孔亚纲) 在中国的首次发现——甘肃玉门晚二叠世脊椎动物群系列报道之四. 古脊椎动物学报，35(4): 268–282

李锦玲 (Li J L), 程政武 (Chen Z W). 1997b. 记内蒙古大青山一晚二叠世的大鼻龙类. 见：童永生等. 演化的实证——纪念杨钟健教授百年诞辰论文集. 北京：海洋出版社. 119–124

李锦玲 (Li J L), 程政武 (Chen Z W). 1999. 大山口低等四足类动物群中的两栖类——甘肃玉门晚二叠世脊椎动物群系列报道之五. 古脊椎动物学报，37(3): 234–247

李佩贤 (Li P X), 程政武 (Chen Z W), 李锦玲 (Li J L). 2000. 甘肃晚二叠世二齿兽化石的发现及相关地层研究. 古脊椎动物学报，38(2): 147–157

李雨和 (Li Y H). 1984. 内蒙古一新掘兽类. 古脊椎动物学报，22(1): 21–28

刘俊 (Liu J). 2004. 新疆吉木萨尔克拉玛依组副肯氏兽一新种. 古脊椎动物学报，42(1): 77–80

刘俊 (Liu J), 李锦玲 (Li J L). 2003. 新疆的肯氏兽类新材料及短吻副肯氏兽的再研究. 古脊椎动物学报，41(2): 147–156

刘俊 (Liu J), 李锦玲 (Li J L), 程政武 (Chen Z W). 2002. 新疆水龙兽新材料兼论陆相二叠 - 三叠系界线 . 古脊椎动物学报 , 40(4): 267–275

孙艾玲 (Sun A L). 1960. 山西宁武肯氏兽一新属 . 古脊椎动物与古人类 , 2(2): 103–114

孙艾玲 (Sun A L). 1963. 中国的肯氏兽类 . 中国古生物志 , 新丙种第 17 号 . 北京 : 科学出版社 . 1–109

孙艾玲 (Sun A L). 1964. 水龙兽一新种初步介绍 . 古脊椎动物与古人类 , 8(2): 216–217

孙艾玲 (Sun A L). 1973a. 天山北麓二齿兽属一新种 . 古脊椎动物与古人类 , 11(1): 52–58

孙艾玲 (Sun A L). 1973b. 吐鲁番的二齿兽类化石 . 见 : 吐鲁番二、三叠纪脊椎动物化石 . 中国科学院古脊椎动物与古人类研究所甲种专刊 , 10: 53–58

孙艾玲 (Sun A L). 1973c. 新疆的二叠纪三叠纪爬行动物化石 . 中国科学 , (1): 108–110

孙艾玲 (Sun A L). 1978a. 二齿兽科两新属 . 见 : 准噶尔盆地南缘二叠、三叠纪脊椎动物化石及吐鲁番盆地第三纪地层和哺乳类化石 . 中国科学院古脊椎动物与古人类研究所甲种专刊 , 13: 19–25

孙艾玲 (Sun A L). 1978b. 新疆副肯氏兽的发现 . 见 : 准噶尔盆地南缘二叠、三叠纪脊椎动物化石及吐鲁番盆地第三纪地层和哺乳类化石 . 中国科学院古脊椎动物与古人类研究所甲种专刊 , 13: 47–54

孙艾玲 (Sun A L). 1981. 似横齿兽的重新鉴定 . 古脊椎动物与古人类 , 19(1): 1–4

孙艾玲 (Sun A L). 1984. 四川三列齿类似卡氏兽 (兽形类爬行动物) 的头骨 . 中国科学 (B 辑), 27(3): 257–268

孙艾玲 (Sun A L). 1986. 似卡氏兽 (三列齿类爬行动物) 新材料 . 古脊椎动物学报 , 24(3): 165–170

孙艾玲 (Sun A L). 1988. 中国颌兽 (犬齿兽类爬行动物) 的补充研究 . 古脊椎动物学报 , 26(3): 173–180

孙艾玲 (Sun A L). 1991. 中国兽头类系统述评 . 古脊椎动物学报 , 29(2): 85–94

孙艾玲 (Sun A L), 崔贵海 (Cui G H). 1987. 云南兽 (三列齿类爬行动物) 的耳区结构 . 古脊椎动物学报 , 25(1): 1–7

孙艾玲 (Sun A L), 崔贵海 (Cui G H). 1989. 三列齿类爬行动物化石在新疆的发现 . 古脊椎动物学报 , 27(1): 1–8

孙艾玲 (Sun A L), 侯连海 (Hou L H). 1981. 掘兽类一新属——哈镇兽的头骨形态及分类位置的探讨 . 古生物学报 , 20(4): 297–310

吴肖春 (Wu X C). 1981. 陕北槽齿类新发现 . 古脊椎动物与古人类 , 19(2): 122–132

杨钟健 (Young C C). 1953. 新疆兽头类的首次发现 . 古生物学报 , 1(1): 1–10

杨钟健 (Young C C). 1959. 山西首次发现中国肯氏兽动物群的犬齿兽简报 . 古脊椎动物学报 , 3(3): 124–131

杨钟健 (Young C C). 1961. 山西西北部的一新犬齿类 . 古脊椎动物与古人类 , (2): 109–113

杨钟健 (Young C C). 1964. 中国的假鳄类 . 中国古生物志 , 新丙种第 19 号 . 北京 : 科学出版社 . 1–205

杨钟健 (Young C C). 1973. 新疆吉木萨尔原蜥类的发现 . 古脊椎动物与古人类 , 11(1): 46–48

杨钟健 (Young C C). 1974a. 云南禄丰兽孔类新材料 . 古脊椎动物与古人类 , 12(2): 111–114

杨钟健 (Young C C). 1974b. 河南济源一新粗弯齿兽 . 古脊椎动物与古人类 , 12(3): 203–211

杨钟健 (Young C C). 1979. 河南济源一新晚二叠世动物群 . 古脊椎动物与古人类 , 17(2): 99–113

杨钟健 (Young C C). 1982. 似卡氏兽 . 见 : 杨钟健文集 . 北京 : 科学出版社 . 10–13

中国科学院古脊椎动物与古人类研究所编写组 . 1979. 中国脊椎动物化石手册 . 北京 : 科学出版社 . 1–665

周明镇 (Chow M C). 1962. 云南禄丰一巨大的卡氏兽类化石 . 古脊椎动物与古人类 , 6(4): 365–367

周明镇 (Chow M C), 胡承志 (Hu C Z). 1959. 云南禄丰三列齿科一新属 . 古脊椎动物学报 , 3(1): 9–12

朱扬珑 (Zhu Y L). 1989. 内蒙古大青山地区二齿兽类化石的发现 . 古脊椎动物学报 , 27(1): 9–27

Abdala F, Neveling J, Welman J. 2006. A new trirachodontid cynodont from the lower levels of the Burgersdorp Formation (Lower Triassic) of the Beaufort Group, South Africa and the cladistic relationships of Gondwanan gomphodonts. Zool J Linn Soc, 147: 383–413

Amson E, Laurin M. 2011. On the affinities of *Tetraceratops insignis*, an Early Permian synapsid. Acta Palaeont Polonica, 56(2): 301–312

Angielczyk K D. 2007. New specimens of the Tanzanian dicynodont *"Cryptocynodon" parringtoni* von Huene, 1942 (Therapsida, Amonodontia), with an expanded analysis of Permian dicynodont phylogeny. J Vert Paleont, 27(1): 116–131

Angielczyk K D, Sullivan C. 2008. *Diictodon feliceps* (Owen, 1876), a dicynodont (Therapsida, Anomodontia) species with a pangaean distribution. J Vert Paleont, 28(3): 788–802

Battail B. 1991. Les cynodontes (Reptilia, Therapsida); une phylogenie. Bulletin du Muséum National d'Histoire Naturelle, Section C, Sciences de la terre, paléontologie, géologie, minéralogie, 13(1-2): 17–105

Battail B. 2000. Mammal-like reptiles from Russian. In: Benton M J, Shishkin M A, Unwin D M, Kurochkin E N (eds). The Age of Dinosaurs in Russia and Mongolia. Cambridge: Cambridge University Press. 86–119

Benton M J. 2005. Vertebrate Palaeontology. 3rd edition. Oxford: Blackwell Publ. 1–455

Boonstra L D. 1968. The brincase, basicranial axis and median septum in the Dinocephalia. Ann S Afr Mus, 50: 195–273

Boonstra L D. 1972. Discard the names Theriodontia and Anomodontia: new classification of the Therapsida. Ann S Afr Mus, 59: 315–338

Botha J, Abdala F, Smith R. 2007. The oldest cynodont: new clues on the origin and early diversification of the Cynodontia. Zool J Linn Soc, 149: 477–492

Brink A S. 1965. On two new specimens of *Lystrosaurus*-zone cynodonts. Palaeont Afr, 9: 107–122

Broom R. 1905. On the use of the term Anomodontia. Rec Albany Mus, 1: 266–269

Broom R. 1910. A comparison of the Permian reptiles of North America with those of South Africa. Bull Amer Mus Nat Hist, 28: 197–234

Broom R. 1912. On some new fossil reptiles from the Permian and Triassic beds of South Africa. Proc Zool Soc Lond, 1912: 859–876

Broom R. 1913. On some new genera and species of dicynodont reptiles, with notes on a few others. Bull Amer Mus Nat Hist, 32: 441–457

Broom R. 1914. A further comparison of the South African dinocephalians with the American pelycosaurs. Bull Amer Mus, Nat Hist, 33: 135–144

Broom R. 1923. On the structure of the skull in the carnivorous dinocephalian reptiles. Proc Zool Soc Lond, 1923: 661–684

Broom R. 1931. Notices of some new genera and species of Karroo fossil reptiles. Rec. Albany Mus, 4: 161–166

Broom R. 1932. The Mammal-Like Reptiles of South Africa and the Origin of Mammals. London: H. F. & G. Witherby. 1–376

Carroll R L. 1988. Vertebrate Paleontology and Evolution. New York: Freeman. 1–698

Chow M C, Hu C C. 1959. A new tritylodontid from Lufeng, Yunnan. Vert Palasiat, 3(1): 9–12

Cluver M A. 1970. The palate and mandible in some specimens of *Dicynodon testudirostris* Broom et Haughton (Reptilia, Therapsida). Ann S Afr Mus, 56(4): 133–153

Cluver M A, Hotton N. 1977. The dicynodont genus *Diictodon* (Reptilia, Therapsida) and its significance. In: Laskar B, Rao C S R (eds). Proceedings and Papers, IV International Gondwana Symposium Calcutta, India. 176–183

Cluver M A, Hotton N. 1981. The genera *Dicynodon* and *Diictodon* and their bearing on the classification of the Dicynodontia (Reptilia, Therapsida). Ann S Afr Mus, 83 (6): 99–146

Cluver M A, King G M. 1983. A reassessment of the relationships of Permian Dicynodontia (Reptilia, Therapsida) and a new classification of dicynodonts. Ann S Afr Mus, 91: 195–273

Colbert E H. 1974. *Lystrosaurus* from Antactica. Am Mus Novit, 2535: 1–44

Cope E D. 1884. The Tertiary Marsupialia. Amer Naturalist, 18: 686–697

Cox C B. 1959. On the anatomy of a new dicynodont genus with evidence of the position of tympanum. Proc Zool Soc Lond, 132: 321–367

Cox C B. 1965. New Triassic dicynodonts from South America, their origins and relationships. Phil Trans R Soc, Ser B, 248: 457–516

Crompton A W. 1972. Postcanine occlusion in cynodonts and tritylodontids. Bull Brit Mus (Nat His), Geol, 21: 29–71

Crompton A W, Ellenberger F. 1957. On a new cynodont from the Molteno Beds and the origin of the tritylodontids. Ann S Afr Mus, 44: 1–13

Crompton A W, Hotton N III. 1967. Functional morphology of masticatory apparatus of two dicynodonts (Reptilia, Therapsida). Postilla, 109: 1–51

Cruickshank A R I. 1967. A new dicynodont genus from the Manda Formation of Tanzania (Tanganyika). J Zool Lond, 153: 163–208

Fröbisch J. 2007. The cranial anatomy of *Kombuisia frerensis* Hotton (Synapsida, Dicynodontia) and a new phylogeny of anomodont therapsods. Zool J Linn Soc, 150: 127–134

Gao K Q, Fox R C, Zhou C F, Li D Q. 2010. A new nonmammalian eucynodont (Synapsida: Therapsida) from the Triassic of northern Gansu Province, China, and its biostratigraphic and biogeographic implications. Am Mus Novit, 3685: 1–25

Gregory W K. 1910. The orders of mammals. Bull Amer Mus Nat Hist, 27: 1–524

Haughton S H, Brink A S. 1954. A bibliographic list of the Reptilia from the Karoo beds of Africa. Palaeont Afr, 2: 1–187

Hennig E. 1922. Die Säugerzähne des württembergischen Rhät-Lias-Bonebeds. Neues Jahrb Min Geol Pal (Beil-Bd), 46: 181–267

Hopson J A. 1991. Systematics of the nonmammalian Synapsida and implications for patterns of evolution in Synapsida. In: Schultze H-P, Trueb L (eds). Origins of the Higher Groups of Tetrapods: Controversy and Consensus. Ithaca and London: Cornell University Press. 635–693

Hopson J A, Barghusen H R. 1986. An analysis of therapsid relationships. In: Hotton N, III, MacLean P D, Roth J J, Roth E C (eds). The Ecology and Biology of Mammal-like Reptiles. Washington D.C.: Smithsonian Institution Press. 83–106

Hopson J A, Kitching J W. 1972. A revised classification of cynodonts (Reptilia: Therapsida). Palaeont afr, 14: 71–85

Hu Y, Meng J, Clark J M. 2009. A new tritylodontid from the Upper Jurassic of Xinjiang, China. Acta Palaeont Polonica, 54: 385–391

Huttenlocker A. 2009. An investigation into the cladistic relationships and monophyly of therocephalian therapsids (Amniota: Synapsida). Zool J Linn Soc, 157: 865–891

Huxley T H. 1859. On a new species of *Dicynodon* (*D. murrayi*), from near Colesberg, South Africa; and on the structure of the skull in dicynodonts. Quart J Geol Societ Lond, 15: 649–658

Huxley T H. 1868. On *Saurosternon bainii*, and *Pristerodon mckayi*, two new fossil lacertilian reptiles from South Africa. Geol Magazine, 5: 201–205

Ivakhnenko M F. 1999. Biarmosuches from the Ocher Faunal Assemblage of Eastern Europe. Paleont J, 33: 289–296

Ivakhnenko M F. 2000. *Estemmenosuchus* and primitive theriodonts from the Late Permian. Paleont J, 34: 189–197

Ivakhnenko M F. 2012. Permian Cynodontia (Theromorpha) of Eastern Europe. Paleont J, 46(2): 199–207

Kammerer C F. 2011. Systematics of the Anteosauria (Therapsida: Dinocephalia): J Syst. Palaeont, 9: 261–304

Kammerer C F, Angielczyk K D. 2009. A proposed higher taxonomy of anomodont therapsids. Zootaxa, 2018: 1–24

Kammerer C F, Angielczyk K D, Fröbisch J. 2011. A comprehensive taxonomic revision of *Dicynodon* (Therapsida, Anomodontia) and its implications for dicynodont phylogeny, biogeography, and biostratigraphy. J Vert Paleont, 31 (suppl 6): 1–158

Kemp T S. 1972. Whaitsiid Therocephalia and the origin of cynodonts. Phil Trans Roy Soc Lond, Ser B–Biol Sci, 264: 1–54

Kemp T S. 1979. The primitive cynodont *Procynosuchus*: functional anatomy of the skull and relationps. Phil Trans R Soc, B285: 73–122

Kemp T S. 1982. Mammal-like Reptiles and the Origin of Mammals. London: Academic Press. 1–363

Kemp T S. 1983. The relationships of mammals. Zool J Linn Soc, 77: 353–384

Kemp T S. 1988. Interrelaships of the Synapsida. In: Benton M J (ed). The Phylogeny and Classification of the Tetrapods. Vol. 2: Mammals. Oxford: Oxford University Press. 23–29

Kemp T S. 2005. The Origin and Evolution of Mammals. London: Oxford University Press. 1–331

King G M. 1988. Anomodontia. In: Wellnhofer P (ed). Encyclopedia of Paleoherpetology, Part 17c. Stuttgart, New York: Gustav Fischer Verlag. 1–174

King G M. 1993. How many species of *Diictodon* were there? Ann S Afr Mus, 102: 303–325

Koh T P. 1940. *Santaisaurus yuani* gen. et sp. nov. ein neues Reptil aus dem unteren Trias von China. Bull Geol Soc China, 20: 73–92

Laurin M. 1993. Anatomy and relationships of *Haptodus garnettensis*, a Pennsylvanian synapsid. J Vert Paleontol, 13(2): 200–229

Laurin M. Reisz R R. 1990. *Tetraceratops* is the oldest known therapsid. Nature, 345: 249–250

Lehman J P. 1961. Dicynodontia. In: Piveteau (ed). Traite de Paleontologie. Paris: Masson. 287–351

Li J L. 1983. Tooth replacement in a new genus of procolophonid from Early Triassic of China. Palaeontology, 26(3): 567–583

Li J L, Wu X C, Zhang F C. 2008. The Chinese Fossil Reptiles and Their Kin. Beijing, New York: Science Press. 1–474

Liu J. 2013. Osteology, ontogeny and phylogenetic position of *Sinophoneus yumenensis* (Therapsida, Dinocephalia) from Dashankou Fauna, middle Permian of China. J Vert Paleont, 33(6): 1–14

Liu J, Olsen P E. 2010. The phylogenetic relationships of Eucynodontia (Amniota: Synapsida). J Mammal Evol, 17(3): 151–176

Liu J, Rubidge B, Li J L. 2009. New basal synapsid supports Laurasian origin for therapsids. Acta Palaeont Polonica, 54: 393–400

Liu J, Rubidge B, Li J L. 2010. A new specimen of *Biseridens qilianicus* indicates its phylogenetic position as the most basal anomodont. Proc Roy Soc B: Biol Sci, 277: 285–292

Lucas S G. 1998. Toward a tetrapod biochronology of the Permian. New Mexico Mus Nat Hist and Sci Bull, 12: 71–91

Lucas S G. 2001. Chinese Fossil Vertebrates. New York: Columbia University Press. 1–390

Luo Z X, Sun A L. 1993. *Oligokyphus* (Cynodontia: Tritylodontidae) from the Lower Lufeng Formation (Lower Jurassic) of Yunnan, China. J Vert Paleont, 13(4): 477–482

Luo Z X, Wu X-C. 1994. The small tetrapods of the Lower Lufeng Formation, Yunnan, China. In: Fraser N C, Sues H-D (eds). In the Shadow of the Dinosaurs: Early Mesozoic tetrapods. Cambridge, New York: Cambridge University Press. 251–270

Maisch M W, Matzke A T, Sun G. 2004. A new tritylodontid from the Upper Jurassic Shishugou Formation of the Junggar basin (Xinjiang, NW China). J Vert Paleontol, 24: 649–656

Mendrez C H. 1972. On the skull of *Regisaurus jacobi*, a new genus and species of Bauriamorpha Watson and Romer 1956 (=Scaloposauria Boonstra 1953), from the *Lystrosaurus*-zone of South Africa. In: Joysey K A, Kemp T S (eds). Studies in Vertebrate Evolution. Edinburgh: Oliver and Boyd. 191–212

Modesto S P. 1999. Observations of the structure of the Early Permian reptile *Stereosternum tumidum* Cope. Palaeont Afr, 35: 7–19

Modesto S P, Rubidge B S, Visser I, Welman J. 2003. A new basal dicynodont from the Upper Permian of South Africa. Palaeontology, 46: 211–223

Olson E C. 1962. Late Permian terrestrial vertebrates, U.S.A. and U.S.S.R. Trans Amer Phil Soc, New Ser, 52: 1–224

Olson E C, Beerbower J R. 1953. The San Angelo Formation, Permian of Texas and its vertebrates. J Geol, 61: 389–423

Orlov Y A. 1958. Carnivorous dinocephalians from the fauna of Ishev (Titanosuchia). Trudy Paleontologischeskogo Instituta AN SSSR, 71: 1–114

Osborn H F. 1903a. On the primary division of the Reptilia into two Sub-Classes, Senapsida and Diapsida. Science, 17(424): 275–276

Osborn H F. 1903b. The reptilian subclasses Diapsida and Synapsida and the early history of the Diaptosauria. Mem Amer Mus Nat Hist, 1: 449–507

Owen R. 1845. Report on the reptilian fossils of South Africa. Part I.-Description of certain fossil crania, discovered by A. G. Bain, Esq., in sandstone rocks at the south-eastern extremity of Africa, referable to different species of an extinct genus of *Reptilia* (*Dicynodon*), and indicative of a new tribe or sub-order of Sauria. Trans Geol Soc Lond, Second Ser, 7: 59-84

Owen R. 1859a. On some reptilian fossils from South Africa. Quart J Geol Soc Lond, 16: 49–63

Owen R. 1859b. On the orders of fossil and recent Reptilia, and their distribution in time. Report of the Twenty-Ninth Meeting of the British Association for the Advancement of Science 1859, 153–166

Owen R. 1861. Palaeontology, or a Systematic Summary of Extinct Animals and Their Geological Relations, 2nd Edition. Edinburgh: Adam and Charles Black. 1–463

Owen R. 1876. Descriptive and illustrated catalogue of the fossil Reptilia of South Africa in the collection of the British Museum, London. 1–88

Parrington F R. 1946. On the cranial anatomy of cynodonts. Proc Zool Soc Lond, 116: 707–728

Pough F H, Janis C M, Heiser J B. 2009. Vertebrate Life (Eighth Edition). San Francisco, Boston, New York, Cape Town, Hong Kong, London, Madrid, Mexico City, Montreal, Munich, Paris, Singapore, Sydney, Tokyo and Toronto: Benjamin Cummings. 1–688

Reisz R R. 1986. Pelycodsuria. Handbook of Paleoherpetology. Part 17A. Stuttgars: Gustav Fischer Verlag. 1–102

Reisz R R, Liu J, Li J L, Müller J. 2011. A new captorhinid reptile, *Gansurhinus qingtoushanensis*, gen. et sp. nov., from the Permian of China. Naturwissenschaften 98: 435–441

Romer A S. 1956. Osteology of the Reptiles. Chicago: Chicago Univ Press. 1–772

Romer A S. 1961. Synapsid evolution and dentition. In: International Colloquium on the Evolution of Lower and Non Specialized Mammals. Brussels: Paleis der Academiën. 9–56

Romer A S. 1966. Vertebrate Paleontology. Chicago: Chicago Univ Press. 1–468

Rubidge B S. 1990. Redescription of the cranial morphology of *Eodicynodon oosthuizeni* (Therapsida: Dicynodontia). Novors Nas Mus Bloemfont, 7: 1–25

Rubidge B S. 2005. Re-uniting lost continents—Fossil reptiles from the ancient Karoo and their wanderlust. S Afr J Geol, 108: 135–172

Rubidge B S, Sidor C A. 2001. Evolutionary patterns among Permo-Triassic therapsids. Ann Rev Ecol Syst, 32: 449–480

Rubidge B S, Sidor C A, Modesto S P. 2006. A new burnetiamorph (Therapsida: Biamosuchia) from the Middle Permian of South Africa. J Paleont, 80: 740–749

Seeley H G. 1889. Researches on the structure, organisation, and classification of the fossil Reptilia.—VI. On the anomodont Reptilia and their allies. Phil Trans Roy Soci Lond, Ser B, Biol Sci, 180: 215–296

Seeley H G. 1894. Researches on the structure, organization, and classification of the fossil Reptilia. Part IX, section 1. On the Therosuchia. Phil Trans Roy Soci Lond, Ser B, Biol Sci, 185: 987–1018

Sidor C A, Hopson J A. 1998. Ghost lineages and "mammalness": assessing the temporal pattern of character acquisition in Synapsida. Paleobiology, 24: 254–273

Sidor C A, Rubidge B S. 2006. *Herpetoskylax hopsoni*, a new biarmosuchian (Therapsida: Biarmosuchia) from the Beaufort Group of South Africa. In: Carrano M T, Blob R W, Gaudin T J, Wible J R (eds). Amniote Paleobiotlogy: Perspectives on the Evolution of Mammals, Birds, and Reptiles. Chicago, IL: University of Chicago Press. 76–113

Sigogneau D, Chudinov P K. 1972. Reflections on some Russian eotheriodonts. Palaeovertebrata, 5: 79–109

Sigogneau-Russell D. 1989. Theriodontia 1. Phthinosuchia, Biarmosuchia, Eotitanosuchia, Gorgonopsia. Stuttgart: Gustav Fischer Verlag, Encyclopedia of Paleoherpetology. 17B/I: 1–127

Sigogneau-Russell D, Sun A L. 1981. A brief review of Chinese synapsids. Giobios, 14: 275–279

Sues H D. 1985. The relationships of the Tritylodontidae (Synapsida). Zool J Linn Soc, 85: 205–217

Sullivan C, Reisz R R. 2005. Cranial anatomy and taxonomy of the Late Permian dicynodont *Diictodon*. Ann Carnegie Mus, 74: 45–75

Sun A L, Li J L, Ye X K, Dong Z M, Hou L H. 1992. The Chinese Fossil Reptiles and Their Kins. Beijing, New York: Science Press. 1–260

von Huene E. 1948. Review of the lower tetrapods. In: Dutoit A L (ed). Spec. Publ. R. Soc. S. Afr, Robert Broom Commemorative Volume. Cape Town: The Royal Society. 65–106

Watson D M S. 1917. A sketch classification of the pre-Jurassic tetrapod vertebrates. Proc Zool Soc Lond, 1917: 167–186

Watson D M S. 1948. *Dicynodon* and its allies. Proc Zool Soc Lond, 118: 823–876

Watson D M S, Romer A S. 1956. A classification of therapsid reptiles. Bull, Mus Comparat Zool, 114: 37–89

Weithofer A. 1888. Ueber einen neuen Dicynodonten (*Dicynodon simocephalus*) aus der Karrooformation Südafrikas. Ann. Naturhist. Mus. Vienna, 3: 1–5

Williston S W. 1925. The Osteology of Reptiles. Cambridge (Mass.). 1–300

Yeh H K. 1959. New dicynodont from *Sinokannemeyeria*-fauna from Shansi. Vert PalAs, 3(4): 187–204

Young C C. 1935. On two skeletons of Dicynodontia from Sinkiang. Bull Geol Soc China, 14(4): 483–518

Young C C. 1936. On a new *Chasmatosaurus* from Sinkiang. Bull Geol Soc China, 15(3): 291–320

Young C C. 1937. On the Triassic dicynodonts from Shansi. Bull Geol Soc China, 17(3-4): 393–411

Young C C. 1939. Additional Dicynodontian remains from Sinkiang. Bull Geol Soc China, 19(2): 111–146

Young C C. 1940. Preliminary notes on the Mesozoic mammals of Lufeng, Yunnan, China. Bull Geol Soc China, 20(1): 93–111

Young C C. 1947. Mammal-like reptiles from Lufeng, Yunnan, China. Proc Zool Soc Lond, 117: 537–597

Young C C. 1952. On a new therocephalian from Sinkiang, China. Acta Sci Sinica, 2: 152–165

Young C C. 1957. *Neoprocolophon asiaticus*, a new cotylosaurian reptile from China. Vert PalAs, 1(1): 1–7

Young C C. 1959. Note on the first cynodont from the *Sinokannemeyeria*-faunas in Shansi, China. Vert PalAs, 3: 124–131

Yuan F-L, Young C C. 1934a. On the discovery of a new *Dicynodon* in Sinkiang. Bull Geol Soc China, 13: 563–574

Yuan F-L, Young C C. 1934b. On the occurrence of *Lystrosaurus* in Sinkiang. Bull Geol Soc China, 13: 575–580

汉-拉学名索引

拉-汉学名索引

附表　中国二叠纪、三叠纪含"兽孔类"地层对比表

	新疆	甘肃	华北	内蒙古
上三叠统	☆黄山街组			
中三叠统	克拉玛依组		铜川组	
			二马营组	
下三叠统	☆烧房沟组		和尚沟组	
	韭菜园组		☆刘家沟组	
	锅底坑组			
上二叠统	梧桐沟组	肃南组	孙家沟组	脑包沟组
	泉子街组		上石盒子组	
中二叠统	☆红雁池组	青头山组		
	☆芦草沟组			

☆ 含化石碎片，但没有确认的"兽孔类"化石

附图 中国"兽孔类"化石分布图

哈尔滨 ◎

上海 ◎

北京 ★

广州 ◎

海口 ◎

保德 宁武
神池 偏关
准格尔旗 武乡
府谷 兴县 济源
神木 离石
包头 ■ 吴堡

万县 ●

兰州 ◎

自贡 ● 禄丰 ●

镇南 ■

玉门 ■

将军庙 ● 吐鲁番
吉木萨尔 ▲
阜康 ◎ 乌鲁木齐 ▲

拉萨 ◎

广州 ◎ 海口 ◎ 南海诸岛

● 侏罗纪 Jurassic
▲ 三叠纪 Triassic
■ 二叠纪 Permian

《中国古脊椎动物志》总目录

（共三卷二十三册，计划 2015 － 2020 年出版）

第三卷 基干下孔类 哺乳类 *主编：邱占祥，副主编：李传夔*

PALAEOVERTEBRATA SINICA
(3 volumes 23 fascicles, planned to be published in 2015–2020)

Volume I Fishes

Editor-in-Chief: **Zhang Miman**, Associate Editor-in-Chief: **Zhu Min**

Volume II Amphibians, Reptilians, and Avians

Editor-in-Chief: **Li Jinling**, Associate Editor-in-Chief: **Zhou Zhonghe**

Volume III Basal Synapsids and Mammals

Editor-in-Chief: **Qiu Zhanxiang**, Associate Editor-in-Chief: **Li Chuankui**

(Q—3414.01)

www.sciencep.com

ISBN 978-7-03-042412-9

9 787030 424129 >

定 价：98.00 元